"十三五"国家科技重大专项(2016ZX05006-006-002)
国家自然科学基金项目(41272122)
联合资助

陆相断陷湖盆钻井岩心特征及沉积相分析
——以渤海湾盆地南堡凹陷为例

LUXIANG DUANXIAN HUPEN ZUANJING YANXIN
TEZHENG JI CHENJIXIANG FENXI
——YI BOHAIWAN PENDI NANBAO AOXIAN WEI LI

甘华军　董月霞　王　华　等编著

内容简介

本书着重介绍了碎屑岩系沉积盆地的岩心观察、描述和分析的基本原理与方法,并偏重于在含能源盆地以及油气资源勘查领域的应用实践与综合分析。本书以渤海湾盆地南堡凹陷钻井岩心为主要研究对象,建立系统完整的典型沉积特征图版。全书共分为7章,内容包括南堡凹陷地质背景、岩心观察与描述基础以及陆相湖盆的扇三角洲、辫状河三角洲、半深湖-深湖、重力流四种重要沉积体系的岩心图版以及沉积相综合分析。

本书是笔者们长期在该领域开展科学研究、国际合作与学术交流以及研究生、本科生教学工作的成果,并结合国内外最新的相关论著和研究成果编著而成。本书适用于基础地质、沉积矿产、能源地质、盆地分析相关的本科生、研究生阅读和学习,同时也适用于这些领域的教学和科研人员参考。

图书在版编目(CIP)数据

陆相断陷湖盆钻井岩心特征及沉积相分析:以渤海湾盆地南堡凹陷为例/甘华军等编著.—武汉:中国地质大学出版社,2020.8
ISBN 978-7-5625-4807-2

Ⅰ.①陆⋯
Ⅱ.①甘⋯
Ⅲ.①渤海湾盆地-断陷盆地-含油气盆地-碎屑岩-取心钻进-研究
②渤海湾盆地-断陷盆地-含油气盆地-碎屑岩-沉积相-研究
Ⅳ.①P618.130.2

中国版本图书馆 CIP 数据核字(2020)第 108906 号

陆相断陷湖盆钻井岩心特征及沉积相分析 ——以渤海湾盆地南堡凹陷为例	甘华军 董月霞 王 华 等编著	
责任编辑:张燕霞		责任校对:徐蕾蕾
出版发行:中国地质大学出版社(武汉市洪山区鲁磨路388号)		邮政编码:430074
电　　话:(027)67883511	传　　真:(027)67883580	E-mail:cbb@cug.edu.cn
经　　销:全国新华书店		http://cugp.cug.edu.cn
开本:787毫米×1 092毫米 1/16	字数:201千字	印张:7 附图:5
版次:2020年8月第1版	印次:2020年8月第1次印刷	
印刷:湖北新华印务有限公司		
ISBN 978-7-5625-4807-2		定价:68.00元

如有印装质量问题请与印刷厂联系调换

《陆相断陷湖盆钻井岩心特征及沉积相分析——以渤海湾盆地南堡凹陷为例》

编委会

主　　编：甘华军　董月霞　王　华

副主编：陈　思　马　乾　刘国勇

编　　委：赵忠新　李潇鹏　孟令箭　刘海涛
　　　　　陈　洁　刘可行　柯友亮　马江浩
　　　　　赵　睿　王思洋　张亦康　徐　唱
　　　　　巩天浩　杨　赏　赵淑娥　吴琳娜

前　言

自21世纪以来,随着盆地油气勘探与开发向更复杂和更深入的方向发展,石油地质学家需要更加精确的技术以及更加完善的基础资料来提高储层预测的准确性。岩心的研究一直是沉积学研究中的重要基础,为沉积特征和沉积相的拟定提供最为直接的证据。我国近年来在陆相断陷湖盆的油气勘探开发中取得了显著的成果,南堡凹陷便属于其中之一,它位于渤海湾盆地黄骅坳陷东北部的二级负向构造单元,面积约1932 km^2,是渤海湾盆地中"小而肥"的富油气凹陷,有着良好的勘探前景,因此,本书从岩心观察出发,聚焦陆相断陷湖盆的岩心特征,展开针对渤海湾盆地南堡凹陷的沉积相分析研究。

本书是在"十三五"国家科技重大专项(2016ZX05006-006-002)"南堡凹陷高精度层序地层研究与有利构造—岩性圈闭预测"以及国家自然科学基金项目(41272122)的联合资助下,在与中国石油天然气股份有限公司冀东油田分公司的密切科研合作的基础上编撰而成,由中国地质大学出版社出版。

本书以陆相断陷湖盆钻井岩心特征及沉积相分析为主要内容,以渤海湾盆地南堡凹陷为主要研究对象,内容上共包括了七个章节,分别是第一章南堡凹陷地质背景,第二章岩心观察与描述方法,第三章扇三角洲岩心特征,第四章辫状河三角洲岩心特征,第五章湖泊沉积体系岩心特征,第六章重力流沉积及沉积相和第七章沉积相综合分析实例。本书章节设置目的明确、条理清晰,着眼于陆相断陷湖盆各沉积体系的岩心特征及其在沉积相综合分析方面的应用,编写过程中广泛收集了同行意见,进行了有关内容的补充、修改和完善。

本书于2020年8月编撰完毕,由甘华军、董月霞和王华主编,陈思、马乾和刘国勇副主编,编委成员包括赵忠新、李潇鹏、孟令箭、刘海涛、陈洁、刘可行、柯友亮、马江浩、赵睿、王思洋、张亦康、徐唱、巩天浩、杨赏、赵淑娥和吴琳娜。在编写与修改的过程中,中国地质大学出版社和中国地质大学(武汉)的领导给予了深切的关心和支持,责任编辑也给予了大力帮助,在此深表感谢。此外研究生孟福林、余政宏在本书编写过程中完成了大量的清绘、编辑工作,在此一并致以衷心的感谢。

由于编者的研究水平有限,经验不足,对沉积学领域的众多问题的认识、分析与总结上定会存在欠缺或不妥之处,请国内外专家学者及读者不吝赐教和指正,对此我们将不胜感谢!

编著者

2020年6月

目 录

第1章 南堡凹陷地质背景 ·· (1)

    1.1 区域地质概况 ·· (1)

    1.2 构造特征 ··· (1)

    1.3 地层发育特征 ·· (5)

    1.4 南堡凹陷主要沉积相类型及展布 ·· (9)

        1.4.1 南堡凹陷物源体系 ··· (9)

        1.4.2 南堡凹陷构造沉积特征及演化 ································· (12)

        1.4.3 南堡凹陷裂陷期沉积相平面展布 ····························· (12)

第2章 岩心观察与描述方法 ·· (16)

    2.1 岩心描述原则与要求 ··· (16)

        2.1.1 岩心描述前的准备工作 ·· (16)

        2.1.2 岩心描述原则 ·· (16)

        2.1.3 描述专用符号 ·· (17)

    2.2 岩心描述的内容 ·· (17)

        2.2.1 岩性描述 ·· (17)

        2.2.2 岩心含油气性描述 ··· (20)

    2.3 碎屑岩沉积结构与构造 ··· (23)

        2.3.1 碎屑沉积物的结构 ··· (23)

        2.3.2 碎屑沉积物的构造 ··· (27)

第3章 扇三角洲岩心特征 ·· (36)

    3.1 扇三角洲沉积相 ·· (36)

        3.1.1 扇三角洲平原 ·· (37)

        3.1.2 扇三角洲前缘 ·· (42)

        3.1.3 前扇三角洲 ·· (50)

    3.2 扇三角洲岩心沉积相的应用 ·· (50)

第4章 辫状河三角洲岩心特征 (51)

4.1 辫状河三角洲沉积相 (51)
4.1.1 辫状河三角洲平原 (52)
4.1.2 辫状河三角洲前缘 (55)
4.1.3 前辫状河三角洲 (60)
4.2 辫状河三角洲岩心沉积相的应用 (61)

第5章 湖泊沉积体系岩心特征 (62)

5.1 湖泊相带划分与特点 (62)
5.2 湖泊沉积模式及垂向沉积序列 (66)

第6章 重力流沉积及沉积相 (68)

6.1 重力流沉积形成的基本条件和类型 (68)
6.2 浊流沉积相模式 (70)

第7章 沉积相综合分析实例 (77)

7.1 沉积相综合分析方法 (77)
7.2 沉积相的类型识别 (79)
7.2.1 岩石学标志 (79)
7.2.2 沉积构造 (80)
7.2.3 测井相标志 (82)
7.3 沉积相展布分析 (85)
7.3.1 沉积相垂向演化综合分析 (85)
7.3.2 南堡5号构造带沙河街组一段平面相分析 (89)
7.4 沉积模式分析 (98)

主要参考文献 (100)

附图1 南堡凹陷典型沉积相(辫状河三角洲)岩心图版

附图2 南堡凹陷典型沉积相(扇三角洲)岩心图版

附图3 南堡凹陷典型沉积相(湖泊相)岩心图版

附图4 南堡凹陷高23-39井沙河街组三段3 788.78~3 843.97m岩心沉积相图

附图5 南堡凹陷高23-39井沙河街组三段3 892.49~3 963.95m岩心沉积相图

第1章 南堡凹陷地质背景

1.1 区域地质概况

南堡凹陷位于我国河北省唐山市内,构造上位于黄骅坳陷北部(图 1-1),面积 1932 km²,地跨海陆,其中陆地部分 540 km²,潮间带 260 km²。南堡凹陷是在华北地台基底上,经中、新生代的块断运动而发育起来的一个北断南超的箕状断陷盆地。凹陷北部以西南庄深断裂与老王庄凸起、西南庄凸起为界,东部以柏各庄深断裂与柏各庄凸起、马头营凸起及石臼坨凸起毗邻,南部与沙垒田凸起相接,西部与北塘凹陷接壤(周海民等,2000;张翠梅,2010;操应长等,2015;王华等,2016)。

1.2 构造特征

南堡凹陷为渤海湾盆地北侧的一个小型含油气凹陷,其构造演化在渤海湾的诸多断陷中具有很强的代表性。该凹陷不仅具有明显的主动裂谷演化特征,而且是一个中、新生代叠合发育,经多幕裂陷演化,油气资源极为丰富的小型含油气凹陷。印支期,本区处于裂谷前的基底隆起剥蚀阶段;燕山-喜马拉雅期,凹陷经历了 4 幕裂谷作用演化和 1 幕构造再活化作用的改造(丛良滋和周海民,1998)。南堡凹陷的一级构造运动从古近纪到新近纪由断陷作用向坳陷作用转化,并分别形成断陷盆地和坳陷盆地(Allen et al.,1997;周海民等,2000;Dong et al.,2010;Liu & Zhang,2011)。南堡凹陷总体结构为"北断南超、东断西超"的箕状断陷,东部为双断型凹陷形态(图 1-2),西部为单断型凹陷形态(吕学菊,2008;图 1-3)。

从断裂平面分布上看,南堡凹陷内部的断裂在全区均较发育。按照断裂的活动强度、断距大小以及对构造单元的控制作用,本区的断裂大致可以分为三级:一级断裂为西南庄、柏各庄等控凹边界断裂,该类断裂呈继承性稳定发育,断裂的活动强度大,活动时间长,控制了南堡凹陷的形成和演化,对各个次级构造的发育具有影响;二级断裂为南堡、蛤坨等控制次级构造单元的断裂,该类断裂大致在古近纪中晚期开始发育,具有一定的继承性,断裂活动时间和强度足以控制邻近次级构造单元的发育;三级断裂数量最多,大多为新近纪以来发育

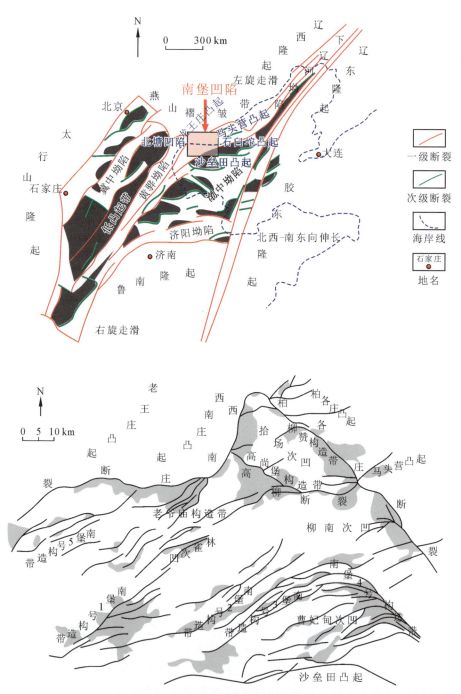

图 1-1 南堡凹陷构造位置图及构造特征(据操应长等,2015;王华等,2016;有改动)

的次级小断裂,对凹陷的构造格局基本上没有影响,但这类断裂对局部圈闭的发育具有一定的控制作用(范柏江等,2011;Zhao et al.,2019)。

第1章 南堡凹陷地质背景

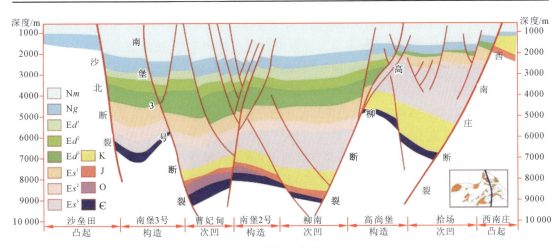

图1-2 南堡凹陷东部构造样式图(据吕学菊,2008)

Nm. 新近系明化镇组;Ng. 新近系馆陶组;Ed^1. 东营组一段;Ed^2. 东营组二段;Ed^3. 东营组三段;Es^1. 沙河街组一段;Es^2. 沙河街组二段;Es^3. 沙河街组三段;K. 白垩系;J. 侏罗系;O. 奥陶系;∈. 寒武系

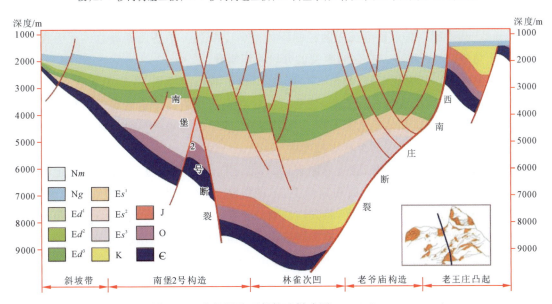

图1-3 南堡凹陷西部构造样式图(据吕学菊,2008)

Nm. 新近系明化镇组;Ng. 新近系馆陶组;Ed^1. 东营组一段;Ed^2. 东营组二段;Ed^3. 东营组三段;Es^1. 沙河街组一段;Es^2. 沙河街组二段;Es^3. 沙河街组三段;K. 白垩系;J. 侏罗系;O. 奥陶系;∈. 寒武系

南堡凹陷内部被高柳断裂分割为南北两区,北区是沙河街组的沉积中心,发育柳赞、高尚堡披覆背斜构造带两个正向二级构造和拾场次凹一个负向二级构造单元。南区是东营组(Ed)的沉积中心,在西南庄断裂的下降盘发育了老爷庙、南堡5号逆牵引背斜构造带,在南缓坡发育了南堡1号、2号和3号构造带,东部柏各庄断裂下降盘发育了南堡4号构造带,在中央地带从西向东依次发育了林雀次凹和柳南次凹两个负向构造单元(Dong et al.,2010;操应长等,2015)。

南堡凹陷不同级次、不同期次的断裂十分发育,断裂与其分割的断块构成复杂的断裂系统是南堡凹陷的主要特点。断裂多呈北北东向和近东西向延伸,按断裂的规模与作用的不同可以分为一级"控凹"断裂、二级"控带"断裂和三、四级断裂。控凹断裂主要为边界同生断裂,包括西南庄断裂、柏各庄断裂和高柳断裂等。

(1)西南庄断裂。西南庄断裂是在北北东向右旋剪切背景下形成的盆缘同沉积断裂,断裂面南倾,倾角60°左右,显张扭性,活动持续至渐新世晚期,控制了沙河街组和东营组的沉积。西南庄断裂具有明显的分段性,自东向西由东段(唐海段)、中段(杜林—老爷庙段)、中西段(北堡北段)、西段(北堡西段)4段组成,其中东段(唐海段)主要控制了高柳断裂上升盘高柳地区的沙河街组的沉积,中段(杜林—老爷庙段)和中西段(北堡北段)主要控制了南堡凹陷北部陡坡带东营组的沉积,西段(北堡西段)对南堡凹陷地层沉积的控制明显较弱,使南堡凹陷西部整体呈现缓坡带的特征。这种分段性同时造成了本断裂下降盘的构造发育,为构造单元的划分提供了依据。

(2)柏各庄断裂。柏各庄断裂是南堡凹陷与柏各庄凸起和马头营凸起的分界断裂,显扭张性,走向近北西,倾向南西,主要活动时期为渐新世早期,控制了沙河街组的沉积;渐新世晚期活动性变弱,所以对东营组沉积的控制不如西南庄断裂。柏各庄断裂总体上为板式断裂,断面倾角较陡,在60°~80°之间,断裂的分段性不明显。

(3)高柳断裂。断裂面南倾,倾角35°~50°,活动于渐新世晚期,控制了东营组的沉积,并与柏各庄断裂共同组成阶梯状断裂,使受阶梯状断裂控制的高南地区扇三角洲沉积体系与柳南地区扇三角洲沉积体系的岩石组分明显不同,运移距离短的柳南地区沉积物粒度明显较运移距离远的高南地区的沉积物粒度粗一些。

南堡凹陷内断裂十分发育,除边界断裂外,以北东向和北东东向为主,以张性正断裂占优势,有部分张扭性断裂。在平面和剖面上,不同级别、性质和形式的断裂有规律地分布。根据南堡凹陷构造特征及主控断裂,将其内部划分为5个洼陷和8个次级构造带,包括陆上探区的高尚堡潜山披覆背斜构造带、柳赞同沉积背斜构造带、老爷庙滚动背斜构造带和高堡滩海的1、2、3、4、5号背斜构造带,以及拾场、柳南、林雀、曹妃甸、新四场5个次凹(王华等,2016;表1-1)。

表1-1　南堡凹陷构造单元划分表(据王华等,2016)

构造单元	面积/km²	发育部位
高尚堡构造带	60	位于高柳断裂上升盘的翘倾部位。该构造从沙河街组三段开始发育,Es^{3-1}—Es^{3-2}形成北西向伸展的短轴背斜
柳赞构造带	40	主体是夹于柏各庄断裂、高柳断裂东段和西南庄断裂之间的块体,其形成和演化受上述3条断裂活动的控制。沙河街期的构造是在中生代潜山隆起上发育起来的披覆背斜构造
老爷庙构造带	150	位于南堡凹陷北部边界西南庄断裂下降盘一侧,是发育在西南庄断裂下降盘的滚动背斜,由庙北背斜、庙南断鼻及两者之间的鞍部组成

续表 1-1

构造单元	面积/km²	发育部位
南堡 5 号构造带	360	位于南堡凹陷西端紧邻西南庄断裂,再向东倾伏、向西抬升的鼻状构造背景上发育起来的背斜构造带,可划分为北堡构造带、北堡北构造带、北堡西构造带 3 部分
南堡 1 号构造带	300	位于林雀次凹西南部,是发育在南堡断裂潜山的披覆构造带
南堡 2 号构造带	280	位于林雀次凹南部、曹妃甸次凹的西南部,是发育在老堡南断裂潜山的披覆构造带
南堡 3 号构造带	240	位于老堡东断裂和老堡西断裂之间,是位于两个次凹中间的隆起区
南堡 4 号构造带	120	受控于蛤坨断裂,主要位于蛤坨断裂的东侧
拾场次凹	50	位于柏各庄断裂下降盘,为沙河街期的重要生油次凹
林雀次凹	100	位于高柳断裂下降盘,是沙河街组一段和东营组的重要生油区
柳南次凹	80	位于高柳断裂下降盘、柳赞油田南部,是沙河街组一段和东营组的重要生油区
曹妃甸次凹	400	位于老堡-蛤坨构造带和沙北断裂之间
新四场次凹	50	位于西南庄断裂下降盘,老爷庙构造带和北堡构造带之间

1.3 地层发育特征

南堡凹陷古近系+新近系沉积岩厚度最大达 8000 m,由古近系沙河街组、东营组以及新近系明化镇组、馆陶组等组成(图 1-4)。其中,沙河街组的沉积中心偏于凹陷的北部,主要发育北堡、高柳 2 个沉积中心,尤以高柳沉积中心的沉积厚度最大,可达 4400 m,北堡沉积中心的最大厚度为 3800 m(操应长等,2015)。

南堡凹陷的古近系包括沙河街组和东营组,按沉积旋回、构造发育和火山岩发育特征,在纵向上可划分为 4 幕裂陷:其中裂陷Ⅰ幕控制了沙河街组三段五亚段(Es^{3-5})的发育;裂陷Ⅱ幕控制了沙河街组三段四亚段(Es^{3-4})至沙河街组三段一亚段(Es^{3-1})的发育;裂陷Ⅲ幕控制了沙河街组二段(Es^2)至沙河街组一段(Es^1)的发育;裂陷Ⅳ幕控制了东营组(Ed)的发育(刘延莉等,2008;Jin et al.,2018)。

沙河街组自下而上分为沙河街组三段、沙河街组二段及沙河街组一段。东营组自下而上也可分为 3 段,即东营组三段、东营组二段和东营组一段。南堡凹陷古近系缺失孔店组及沙河街组四段,无论从时间上还是空间上,地层厚度变化剧烈,岩性、岩相往往具有突变关系。新近系分布是区域性的,厚度变化平缓,岩性、岩相往往平缓过渡(谢占安和李建林,2007)。

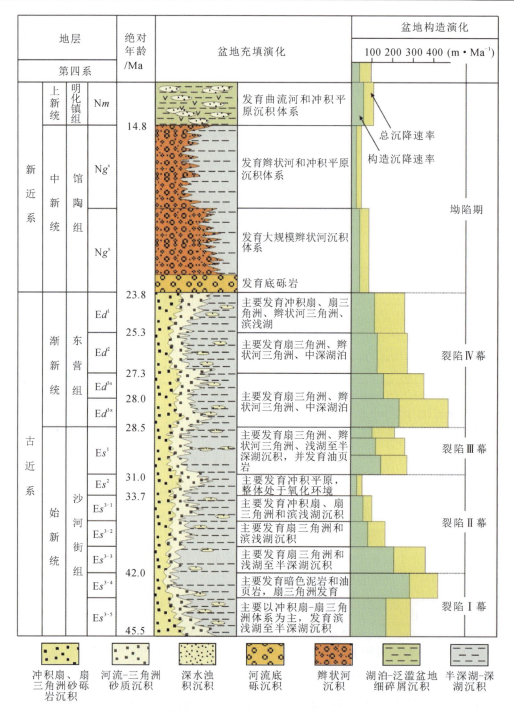

图1-4 南堡凹陷沉积充填序列(据周海民等,2000修改)

1. 沙河街组(Es)

1)沙河街组三段(Es^3)

沙河街组三段沉积于始新世晚期—渐新世早期,为滨浅湖-深湖、扇三角洲和冲积扇沉积,表现为下粗中细上粗的完整二级旋回,总厚 600~2000 m。沙河街组三段含中国华北介(Huabeinia Chinensis)、脊刺华北介(Huabeinia costatispinata)、隐瘤华北介(Huabeinia obscura)、远伸玻璃介(Candona adulta)、长大玻璃介(Candona grandis)、后陡玻璃介(Candona postabscissa)、沼泽拟星介(Cyprois palustris)等介形类组合成分,未见单一的惠东华北介(Huabeinia huidongensis)组合,可能顶部遭受剥蚀,藻类多见渤海藻(Bohaidina)和副渤海藻(Parabohaidina)。沙河街组三段是南堡凹陷主要的生油、含油层段,根据岩性特征又可以划分为 5 个亚段。

(1) 沙河街组三段五亚段(Es^{3-5})。沙河街组三段五亚段岩性为砂岩、含砾砂岩和砾岩,以发育灰色、灰白色砂岩为主,间夹有灰褐色、绿色、灰绿色、灰色泥岩,为 Es^3 沉积旋回底部的冲积扇-扇三角洲体系的产物。电性特征呈现一组高泥岩基值与长刺刀状高峰电阻率曲线,自然电位曲线幅度差异较明显。

(2) 沙河街组三段四亚段(Es^{3-4})。沙河街组三段四亚段以灰色、深灰色、灰黑色泥岩、油页岩为主,夹有薄层砂岩,属扇三角洲及湖相沉积。在柳赞地区总体上为正旋回沉积特征,具明显的三分性,可分为 3 个岩性段:下部为一套含砾的中粗砂岩;中部为油页岩、钙质泥岩、粉砂岩互层;上部为灰色泥岩。电性特征十分明显,顶部为齿化低阻段,中部为高基值电阻率曲线,下部为尖峰状、刺刀状高阻,形成明显的 3 个台阶状对比标志层,容易识别,是区域对比的一级标志层。

(3) 沙河街组三段三亚段(Es^{3-3})。沙河街组三段三亚段为一套粗碎屑岩、含砾砂岩与深灰色泥岩段,砂泥比大于 50%,属扇三角洲和湖泊沉积的产物,根据沉积旋回可进一步分为 4 个储盖组合。

(4) 沙河街组三段二亚段(Es^{3-2})。沙河街组三段二亚段以深灰色泥岩为主,夹砂岩,属扇三角洲-滨浅湖沉积,厚度 180~310 m,向柳东地层减薄。该段总体上由上下 2 个岩性段组成:下部为砂岩集中段,为冲积扇-扇三角洲沉积,是高柳地区含油目的层段之一;上部为暗色泥岩发育段。

(5) 沙河街组三段一亚段(Es^{3-1})。沙河街组三段一亚段为砂岩与暗色泥岩互层,砂岩较发育,地层厚度变化大,主要为冲积扇体系沉积。

2) 沙河街组二段(Es^2)

沙河街组二段为氧化环境下发育的粗碎屑冲积体系,正旋回沉积,与下伏地层呈平行不整合接触。

3) 沙河街组一段(Es^1)

沙河街组一段整体形成于湖水较浅、构造较平静的沉积环境。上部为灰白色、浅灰色砂砾岩、细砂岩、粉砂岩与浅灰色、深灰色泥岩不等厚互层,在高尚堡地区发育一定程度的生物灰岩;下部为浅灰色细砂岩、粉砂岩与浅灰色泥岩的薄互层。

2. 东营组(Ed)

东营组(Ed)沉积时期沉积中心向凹陷内部迁移,滩海区的沉积厚度可达 2000 m 以上。

东营组自上而下可分为 3 段，即东营组一段（Ed^1）、东营组二段（Ed^2）和东营组三段（Ed^3），其中东营组三段又可划分为东营组三段上亚段（Ed^{3s}）和东营组三段下亚段（Ed^{3x}），它们共同构成了一个完整的层序（Zhao et al., 2019）。

1）东营组三段（Ed^3）

该段为灰色、深灰色泥岩与砂岩互层，夹有厚度不等的基性火山岩。东营组三段在陡坡带和缓坡带明显不同。在陡坡带，东营组三段可以分为东营组三段下亚段和东营组三段上亚段：东营组三段下亚段为下粗上细的正旋回，下部为砂岩夹灰色泥岩，上部为深灰色泥岩夹砂岩；东营组三段上亚段多以砂岩与灰色、深灰色泥岩互层为主，与东营组二段分界选在"细脖子"泥岩底部。而在缓坡带东营组三段多为灰色、深灰色泥岩夹砂岩，且东营组三段下亚段与东营组三段上亚段较难分开。东营组三段在曹妃甸次凹最为发育，最大厚度在 1000 m 以上。

2）东营组二段（Ed^2）

该段以灰色泥岩夹灰色粉砂岩、泥质粉砂岩和细砂岩为主，其中东营组二段下部为厚度不等的深灰色泥岩，中部以灰色粉砂岩、泥质粉砂岩和细砂岩为主，上部为较厚的灰色泥岩。东营组二段分布较稳定，由西北向东南方向地层逐渐增厚。

3）东营组一段（Ed^1）

该段为南堡滩海地区的主要油气勘探目的层之一，岩性主要为灰色、灰白色粉砂岩，浅灰色细砂岩、砂砾岩与灰绿色泥岩、灰色泥岩和褐色泥岩呈不等厚互层。东营组一段可以分为 3 个砂组：下部砂组以灰白色粉砂岩、浅灰色细砂岩与灰色泥岩互层为特征；中部砂组以浅灰色细砂岩、中粗砂岩夹灰色、灰绿色泥岩为特征；上部砂组以灰白色砂岩、砂砾岩夹灰绿色泥岩或灰绿色泥岩夹薄层砂岩为特征。东营组一段厚度一般为 300~600 m。

整个东营组是一个完整的沉积旋回。东营组三段底部为该层序的低水位体系域，沉积组合以粗碎屑的冲积体系为特征，上为由扇三角洲、前扇三角洲相组成的沉积序列；东营组二段代表本区东营期的最大水侵期，沉积了厚达 200 m 的加积型泥岩段；东营组一段代表本区东营期的湖泊萎缩期，形成了一套以粗碎屑为主的进积型冲积沉积体系。

3. 新近系（Ng＋Nm）

本区新近系的沉积特征与渤海湾盆地其他地区基本类似，以河流相碎屑岩为主，馆陶组和明化镇组在整个研究区内普遍发育。

1）馆陶组（Ng）

该组平均厚度 300~500 m，可分为两个岩性段。

馆陶组下段（Ng^x）：由砾岩、砂砾岩、基性火成岩夹薄层灰绿色、灰色泥岩组成，是一套辫状河沉积。

馆陶组上段（Ng^s）：岩性为紫红色、暗紫色、灰绿色泥岩、砂质泥岩与粉砂岩互层，夹粉、细砂岩。下部砂岩较发育，上部泥岩较发育，亦为一套辫状河沉积。底部的底砾岩是全区的对比标志层。

2) 明化镇组(Nm)

该组平均厚度约 1500 m,由块状砂岩与灰绿色、灰黄色、棕红色泥岩互层组成,是一套曲流河沉积。

4. 第四系(Qp)

第四系统称平原组(Qp),浅棕黄色、灰黄色黏土、粉砂质黏土与灰黄色粉砂、细砂互层。

层序地层学(sequence stratigaphy)是研究"由不整合面或与其对应的整合面所限定的一套相对整一的、成因上具有成生联系的等时地层单元"(Vail,1987;王华等,2012)。层序地层学的发展使地层学的研究进入了一个新阶段,有人称其是沉积地质学的第三次革命。正确识别、划分和对比不同级别的层序界面是建立层序地层格架的基础(宋国奇,1993;Song et al.,2014)。

南堡凹陷在其漫长的地质演化过程中,发育了多个区域性的沉积间断面,它们共同构成了盆地内不同级别的层序界面(潘元林等,2003;刘可行等,2019)。这些层序界面在地震剖面上往往存在着不协调的反射终止类型,其识别标志主要包括发育于界面之上的上超、下超和深切谷反射,以及发育于界面之下的削截和顶超反射等。其中削截反射是不整合接触关系最重要的表现形式之一,意味着地层在沉积以后因强烈的构造隆升或湖平面下降再次出露地表遭受剥蚀。

通过对南堡凹陷进行了全面系统的层序地层研究,确定了南堡凹陷主要层序界面的地震和钻井识别标志,在新生界共识别并解释出 2 个一级层序界面,3 个二级层序界面,9 个三级层序界面及 12 个最大洪泛面,同时完成了研究区重点钻井层序界面的精细标定和区域的岩性地层综合柱状图,建立了南堡凹陷的层序地层格架。

1.4　南堡凹陷主要沉积相类型及展布

1.4.1　南堡凹陷物源体系

1. 母岩区背景

南堡凹陷位于渤海盆地黄骅坳陷与渤中凹陷两个沉积区的中北部,为该盆地的一个小规模三级构造单元。该凹陷在古近系沉积期主要接受两个主物源区的沉积充填,南部为沙垒田凸起物源区,该物源区控制了南堡凹陷南部 1、2、3 号构造带的碎屑沉积。北部老王庄-西南庄凸起物源区主要控制 5 号构造带及高柳地区的沉积充填,马头营-柏各庄凸起物源区主要控制 4 号构造带沉积,同时,对高柳地区的沉积充填也有一定影响(图 1-5)。

图 1-5 南堡凹陷及周边地区早第三纪主要物源区示意图(据王华等,2008)

南堡凹陷平面上可以识别出 3 种构造背景下的母岩区:南部为稳定华北陆块物源区,即沙垒田凸起区,母岩主要为太古宙花岗岩,沉积物主要进入南堡 1 号、2 号、3 号构造;东部与南部相似,母岩以太古宙花岗岩为主,即石臼沱-马头营凸起区,沉积物主要进入南堡 4 号构造与高柳地区;北部为来自构造活动趋于稳定的燕山隆起带物源区,即西南庄-柏各庄凸起区,母岩包括中—古生代沉积岩、岩浆岩和古生代变质岩等,沉积物主要进入南堡 5 号构造区、老爷庙地区、高柳地区(王华等,2008)。因此 3 种母岩背景下的沉积凹陷也应具有多方向的物源供给。

2. 重矿物分析

重矿物组合是识别物源区特征的重要方法之一,目前运用十分广泛。重矿物是指沉积岩中密度大于 2.86g/cm³ 的透明或者不透明的矿物,其含量一般较少,不超过 100%。陆源碎屑岩中的重矿物因其相对耐风化、稳定性而能够保存较多的母岩信息。结果表明,在凹陷北部,西南庄断裂存在两个独立物源,分别位于断裂中西段和东段,高柳地区存在一个独立的物源区,柏各庄断裂物源主要控制断裂中南段沉积,在凹陷南部,1 号构造带受控于一个独立的物源体系,2 号构造带和 3 号构造带也受相对独立的物源控制,但是两者存在双物源控制的混合区(图 1-6)。南部物源西分支:①以 1 号构造带南部南堡 1-5 井为代表的高石榴子石组分;②含高钛磁铁矿、赤褐铁矿的 1 号北部地区不同(受 5 号构造带影响)。南部物源中部分支:以 1 号南部堡探 3 井、2 号西南部老堡南 1 井为代表的高赤褐铁矿、高磁铁矿组分为特征,区别于 2 号东南部的低赤褐铁矿特征。南部物源东分支:以南堡 4-60 井为代表的高石榴子石高钛铁矿组合,受柏各庄断裂和南部物源共同影响,具有双重特征。东北柏各

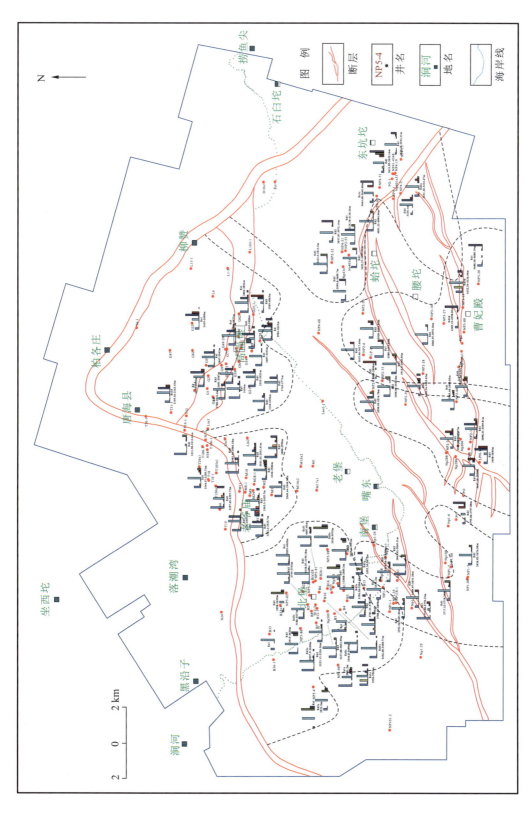

图1-6 南堡凹陷东营组和沙河街组一段重矿物组合平面分布图

庄断层方向：①以南堡4-31井为代表的高石榴子石高白钛石组合的北分支物源；②以南堡4-51井为代表的高白钛石高石榴子石高赤褐铁矿组合的南分支物源。西北柏各庄断层方向：①来自北西向的以南堡5-4井为代表的高石榴子石高钛磁铁矿组分的物源；②来自NNW方向展布的以高锆石高石榴子石组分为特征的物源。

1.4.2 南堡凹陷构造沉积特征及演化

南堡凹陷古近系按沉积旋回特征、构造发育特征和火山岩发育特征，在纵向上划分为同裂陷阶段和裂后阶段。裂陷期可进一步划分为4幕，每一幕裂陷都具有独特的沉积充填特征、构造发育特征和古气候背景（姜华，2009）。

Es^{3-3}—Es^2沉积时期为强烈断陷期。Es^3沉积时期凹陷伸展扩张，水体加深，发育扇/辫状河三角洲-湖泊相沉积体系，中深湖区堆积厚层泥岩，是南堡凹陷烃源岩形成的重要时期。到Es^2沉积时期，凹陷趋于填平，发育了以含砾砂岩、红色泥岩、灰绿色泥岩为主的冲积扇沉积。Es^1沉积时期为减弱裂陷期。凹陷由Es^2末期的隆升状态开始断陷，岩性以灰色泥岩、砂岩和生物灰岩为主，同时发育碱性玄武岩，而且沉积中心逐步向南迁移。沉积环境以扇三角洲-中浅湖为主，发育一定厚度的烃源岩。东营组Ed沉积时期为断坳转换期，高柳断裂活动加强，发生在Es^1末期的构造反转造成了Ed^3区域微角度不整合于Es^1之上。该时期沉积了以砂泥岩为主的地层，最大厚度超过2000 m，其沉积环境以扇三角洲沉积体系、辫状河三角洲沉积体系和中深湖相为主。

渐新世末的喜马拉雅运动使南堡凹陷广遭剥蚀，尔后进入了坳陷发展阶段，沉积了中、上新世馆陶组和明化镇组。沉积面貌发生了巨大变化，结束湖相沉积，进入河流-沼泽-冲积平原沉积。

1.4.3 南堡凹陷裂陷期沉积相平面展布

受到盆地构造演化的控制，裂陷期不同阶段沉积体系类型及其平面分布存在显著差异。在此仅选取强断陷期的沙河街组三段一亚段（Es^{3-1}）和断坳转化期的东营组三段下亚段（Ed^{3x}）的低位域与湖扩体系域的平面沉积相说明不同构造阶段的沉积特征。

1. 沙河街组三段一亚段低位域与湖扩体系域平面沉积相展布

至沙河街组三段一亚段低位域与湖扩体系域沉积时期，南堡凹陷边界断裂活动性加强，柏各庄断裂杜林洼陷根部活动性最大，西南庄断裂4号构造带北部活动性明显加强（图1-7）。该时期北部5号构造带发育两支主要沉积体，西侧沉积体延伸较短、规模较小，东侧沉积体近似垂直断裂走向发育并形成两支鸟足状的分支沉积体。老爷庙构造两支沉积体继承性发育，其中西侧沉积体延伸更远，东侧沉积体向林雀次凹延伸，并在沉积体末端发育浊积体沉积。高北地区沉积格局变化不大，但是西南庄断裂下降盘物源供给明显加强，沉积体

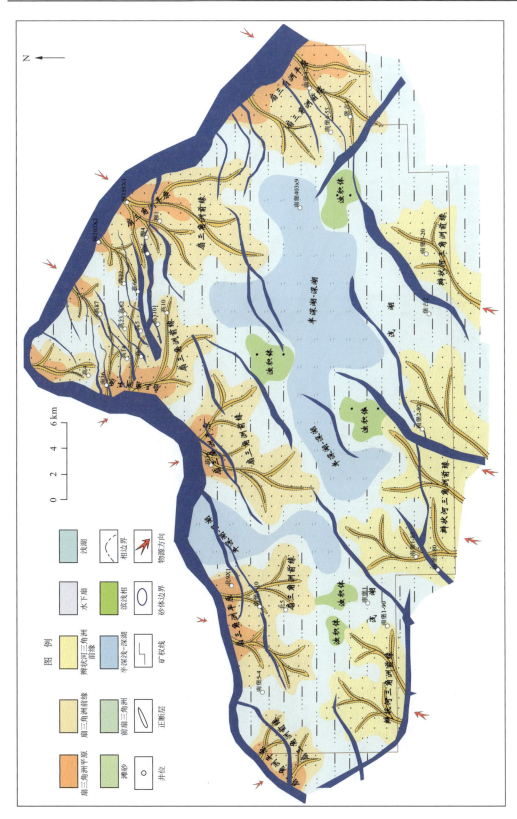

图1-7 南堡凹陷沙河街组三段一亚段低位加湖扩体系域沉积相平面分布图

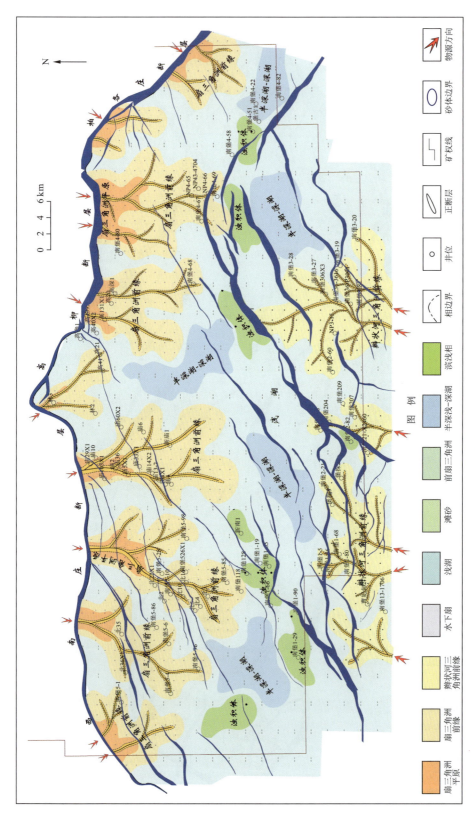

图1-8 南堡凹陷东营组三段下亚段低位加湖扩体系域沉积相平面分布图

向高南斜坡、高尚堡构造均有发育;柏各庄断裂下降盘物源供给有所减弱,沉积体整体上有所后退和萎缩。4号构造带物源方向有所旋转,由NW向转变为SW向延伸,沉积体沉积中心基本不变。南部斜坡沉积格局基本不变,2号构造带沉积体整体有向东。

2.东营组三段下亚段低位域与湖扩体系域平面沉积相展布

东营组三段下亚段低位域与湖扩体系域沉积体系平面展布特征,凹陷南部主要发育辫状河三角洲前缘沉积,其中1号构造带发育两个朵体,偏南部朵体向前推进防线受到1号断裂的限制,且沉积体发育规模较小,在该沉积体的北部发育有规模稍大的前缘朵体(图1-8)。2号辫状河三角洲前缘朵体发育规模在该时期南部地区为最大。在北部地区,北堡地区仍发育规模较大的扇三角洲沉积体,之前存在的两个沉积体合并为一个规模较大的沉积体,该沉积体的特征是前缘推进距离收缩,平原规模增大。在老爷庙地区发育有规模较大的沉积体,主沉积体由北向南推进,该沉积体一直展布到高柳断裂的下降盘附近。该时期发育规模最大的沉积体仍位于柏各庄断裂的中段,沉积体平原面积大,前缘向湖盆方向推进距离远,并且与南段的扇三角洲连成一片,同时,位于断裂南段的沉积体规模也有所增大。

第 2 章　岩心观察与描述方法

2.1　岩心描述原则与要求

2.1.1　岩心描述前的准备工作

首先,核对本次取心次数、井段、进尺、岩心长度和收获率是否正确,检查岩心摆放顺序;然后,自上而下检查岩心顺序有无颠倒,碴口是否对齐、吻合,岩心摆放是否合理,自左而右检查磨光面和破碎程度;最后,确认岩心编号、长度记号和岩心卡片是否正确,有无遗漏、重复和不符合要求等(许运新等,1994)。

2.1.2　岩心描述原则

1. 分段原则

(1)岩心描述分段时,必须用红铅笔在岩心上标划分段界限、磨光面位置和标记分段累计长度,为岩心描述记录创造条件。

(2)为绘制 1∶100 岩心柱状剖面图,凡长度大于 10 cm 的不同岩性均需分段描述。

(3)依据岩石类型、颜色、含油、气、水产状,层理结构和含有物是否有变化进行分段。

(4)厚度为 5~10 cm 的含油(气)岩心和特殊岩性,如化石、标志层等特殊现象。

(5)在 2 次取心的岩心接触处、磨光面上下、长度不足 5 cm 的也要分段,绘制岩心剖面图时可考虑扩大解释。

(6)每段长度均以该段岩心累计长度之差为准。

2. 岩心描述注意事项

(1)重点对含油岩心进行描述,除定名外,还要本着含油、气、水特征与沉积特征并重的原则。

(2)对泥质岩类,一般只定名,对结构、构造及特殊含有物也要适当描述。

2.1.3 描述专用符号

为简化描述内容和方便绘制岩心柱状图,在描述记录中,国内大多数油田习惯用下列符号表示(图2-1)。

(1)按岩心破碎程度不同,在岩心编号项下画"△""△△""△△△"3种符号,分别表示岩心破碎程度"轻微""中等"和"严重"。

(2)岩心断面磨损时,在岩心编号及累计长度下面画"～～～"符号。

(3)具有冲刷面的岩性,在累计长度下面画"—v—"符号。

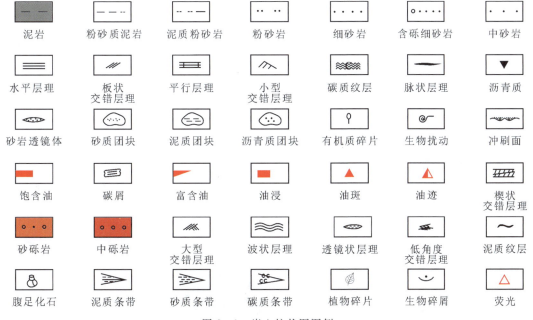

图2-1 岩心柱状图图例

2.2 岩心描述的内容

对于陆相碎屑岩中的砂质岩与泥岩相互沉积的地层,岩心的常规描述内容有:岩石类型、含油气性、颜色、层理、结构、构造、接触关系、化石及其他含有物滴酸反应程度等内容(许运新等,1994)。

2.2.1 岩性描述

岩石定名要概括岩石基本特征,包括"颜色+含油、气、水产状及特殊含有物+岩性",例如棕褐色含油细粒砂岩、灰色含介形虫钙质粉砂岩等。

1. 颜色

颜色是岩石最醒目的标志,它主要反映岩石内矿物的成分和沉积环境。因此,地质工作者在为岩石定名时,把颜色放在最前面,以作为鉴定岩石,判断沉积环境、地层分层、对比的重要依据。所以,在描述岩心时,必须将岩心放在亮处,以劈开岩心的干燥新鲜面为准,并且为了减少在判断颜色上的人为误差,常制作标准岩石色样等,以供描述时对比使用,或采用光度计以较精确地测定颜色。

2. 矿物成分

现场对碎屑物质成分的描述只说明了其主要矿物与次要矿物的相对含量,一般用"为主""次之""少量""微量""偶见"等词语加以描述。特殊成分如不常见用"富含""富集"等表示,描述时应先描述含量多的,后描述含量少的。如果同一述语中有几种矿物成分,其间用顿号分开,前面的代表含量多的,后面的代表含量少的,如"以长石、石英为主",表示长石的含量高于石英的含量。

3. 沉积旋回

沉积旋回(或叫沉积韵律)是指岩性以由粗到细或由细到粗的顺序在地层垂向剖面上重复出现的组合,主要有 2 种基本类型。

(1)正旋回。自下而上,岩性按砾岩、砂岩、粉砂岩、泥质粉砂岩和泥岩的顺序出现,即由粗变细的规律(图 2-2)。

辫状河三角洲前缘　　　　　　　　扇三角洲前缘

井位:南堡2-15
层位:Ed^1
深度:2 947.71 m
水下分流河道

描述:粗砂岩,底部含细砂岩团块和砂砾,上部砂质较纯,渐变过度,整体为正旋回。
特殊现象:正旋回,含砾砂岩

井位:高87
层位:Es^{3-1}
深度:3 650.33 m
水下分流河道

描述:灰白色粗砂岩向上过渡到青灰色中砂岩,最后过渡到青色细砂岩。
特殊现象:正旋回

图 2-2　正旋回

(2)反旋回。自下而上,岩性按泥岩、粉砂质泥岩、泥质粉砂岩、粉砂岩和细砂岩的顺序出现,即由细变粗的规律(图2-3)。

扇三角洲前缘

井位:高21
层位:Es^{3-1}
深度:3642.33 m
河口坝

描述:含砂岩透镜体的黑色泥岩向上过渡到灰白色细砂岩,最后过渡到灰色中砂岩。
特殊现象:反旋回

扇三角洲前缘

井位:高43-21
层位:Es^1
深度:2883.30 m
河口坝

描述:整体为青灰色粉砂质泥岩夹灰色泥岩,泥岩层厚由下至上依次减薄,整段岩心显示出河口坝砂泥互层和反旋回的典型特征。
特殊现象:砂泥互层、反旋回

图2-3 反旋回

4. 滴酸反应程度

岩石含钙质程度与储层物性的好坏密切相关。现场常用5%和10%(冬季)浓度的稀盐酸溶液滴于岩心上,观察其反应程度,一般分剧烈(用"+++"表示)、中等(用"++"表示)、弱(用"+"表示),不反应用"——"表示。

5. 接触关系

接触关系是指不同岩性接触面及其沉积变化特征。现场一般分3种类型进行描述。
(1)渐变接触。不同岩性逐渐过渡,无明显界限。
(2)突变接触。不同岩性分界明显,但为连续沉积。
(3)冲刷面。不同岩性接触处有明显冲刷切割现象,并常有下伏沉积物碎块等。
在描述不同岩性接触关系时,重点描述不同类型接触面的岩性、颜色、成分、结构、构造、含有物及接触面的其他沉积特征。

6. 生物化石及其他沉积特征

(1)化石。化石描述内容包括化石名称、产状、颜色、成分、大小、形态、数量、纹饰、分布和保存情况等(图2-4)。
(2)特殊沉积物。特殊沉积物包括特殊矿物(黄铁矿、菱铁矿等)、结核、泥砾(图2-5)、团块、孤砾石、印痕等,要描述其名称、颜色、产状、数量、大小、形状、排列和分布特征等。

图 2-4 沉积物中的贝类化石(据姜在兴,2003)

井位：冀海1X1
层位：Ed^1
深度：3 758.19 m
河口坝
描述：灰白色细砂岩，中间夹有灰黑色泥砾，含有少量有机质、生物碎屑。
特殊现象：泥砾

井位：南堡23-2704
层位：Ed^2
深度：3 174.46 m
水下分流河道
描述：灰色砂岩中含团块状泥砾和撕裂状泥砾，泥砾分选较差，长轴一般为4～8 cm，短轴为0.3～6 cm。
特殊现象：泥质团块

图 2-5 辫状河三角洲前缘中的泥砾

2.2.2 岩心含油气性描述

岩心的含油气性特征是岩心描述的重点对象之一，不仅在描述时要详尽、细致，在岩心刚出筒时就要认真细心观察岩心含油产状特征，并作记录或必要的试验、取样等，以作为在详细描述时的补充(许运新,1992)。

在描述岩心的含油特征时，必须将岩心劈开，描述岩心的新鲜面。除对岩石的结构、构造等进行描述外，还应突出所描述岩心的含油饱满程度、产状特征等。应该特别指出的是，不能忽视对低含油级别油浸、油斑、油迹岩心的描述。

1. 含油产状特征的描述

含油产状特征是指油在岩石内的存在状态,即是以纯油形式还是油、气混合形式分布,以及其分布均匀程度,如分布均匀和不均匀呈斑块状、条带状、斑点状等(刘耀光,1987)。在描述时要结合岩石结构、构造等说明油在岩石内的分布状况,并以试验补充描述。

2. 含油饱满程度的描述

中国石油化工股份有限公司冀东油田分公司一般以3种形式表示岩心的含油饱满程度。

(1)含油饱满。含油饱满指油砂颗粒孔隙内全部被油充满,呈饱和状态,岩心颜色较深,多为深棕色、棕色、棕褐色等。岩心出筒时,可观察到原油溢出。劈开岩心新鲜面,原油染手,油脂感很强。

(2)含油较饱满。含油较饱满一般指含油砂岩,尽管岩心颗粒孔隙内均匀充满原油,但未达到饱和状态,或岩心颗粒不均匀及有其他含有物等。岩心刚出筒时,无原油外溢。劈开岩心新鲜面,原油分布较均匀,油脂感较差。

(3)含油不饱满。含油不饱满指油浸、油斑岩心,岩性为砂、泥混杂,仅在砂岩颗粒富集处含油,且不饱满,颜色浅,含油处多为浅棕色。

3. 含油级别的确定

岩心的含油级别主要依据含油产状、含油饱满程度和含油面积来确定。大庆地区将含油级别分为5级(表2-1)。

表 2-1 岩心含油产状分级标准(据许运新等,1994)

级别	岩心面含油面积/%	含油状况
饱含油	>90	含油饱满,油润感强,岩性均匀
含油	60~90	含油较饱满,有不含油斑块
油浸	30~60	含油不饱满,成条带状分布,岩性不均匀
油斑	5~30	含油极不饱满,常呈条带状分布,岩性不均匀
油迹	<5	零星含油,岩石颗粒很细,不均匀

(1)饱含油。含油饱满,含油面积大于90%,岩心颗粒均匀,油味浓,原油染手,油脂感强,颜色较深。

(2)含油。含油较饱满,含油面积为60%~90%,颜色较油砂浅,多为棕色或浅棕色等,局部砂岩颗粒分选较差,并夹有少量泥质条带或含有少量其他含有物等。岩心刚出筒时,无原油外溢。劈开岩心新鲜面,油脂感较强,捻碎后染手。

(3) 油浸(图 2-6 中、右)。含油面积为 30%～60%,一般多为泥质粉砂岩,在砂粒富集处含油,多呈条带状、斑块状。劈开岩心后,不染手,含油不饱满。在描述岩心时,一般根据含油面积确定颜色,若含油面积达到 60% 左右,可按含油颜色定名,如浅棕色油浸粉砂岩、油浸泥质粉砂岩等。若含油面积在 60% 以下时,可按岩石本色定名,如灰绿色油浸泥质粉砂岩。

(4) 油斑(图 2-6 左)。含油面积为 5%～30%,一般多为粉砂质泥岩。在砂质富集的斑块按岩石颜色定名。

(5) 油迹。含油面积小于 5%,零星含油,岩石颗粒很细,不均匀。

扇三角洲平原亚相
井位:高23X8
层位:Es^2
深度:4 176.85 m
决口扇
描述:整体为棕褐色油斑中细砂岩,其中可见泥质纹层和少量泥砾。
特殊现象:油斑

辫状河三角洲平原
井位:南堡306X1
层位:Es^1
深度:4 234.51 m
分流河道
描述:整体为灰褐色中砂岩,孔隙较为发育,含有较大的油味,为油浸中砂岩。
特殊现象:油浸

辫状河三角洲前缘亚相
井位:冀海1X1
层位:Ed^{3s}
深度:3 701.86 m
水下分流河道
描述:灰白色中砂岩,夹深灰色泥岩条带,有小断层构造和重力滑塌构造。
特殊现象:油浸

图 2-6 岩心中的油斑、油迹

含油面积小于 10% 的一般称油迹,油迹不单独定含油级别,只是在描述岩心时,将其含油特征、分布状况记录在描述本上。

4. 描述含油级别时的注意事项

(1) 对含钙的含油岩心,应根据含钙程度,在描述定名时含油级别应降 1～2 级。

(2) 对氧化的含油岩心,应根据氧化程度,在描述定名时含油级别应降 1 级,并将"氧化"二字定入名内,如黑褐色氧化含油粉砂岩。这种含油岩心多为残余油。

2.3 碎屑岩沉积结构与构造

2.3.1 碎屑沉积物的结构

结构是指岩石组成颗粒的大小、形状特征,以及颗粒相互间的组合关系。岩石结构描述的内容包括粒度(颗粒直径)、形状(浑圆状、半圆状、棱角状、半棱角状)、分选(好、中等、差)、球度及颗粒表面特征等(Pettijohn,1975;图2-7)。

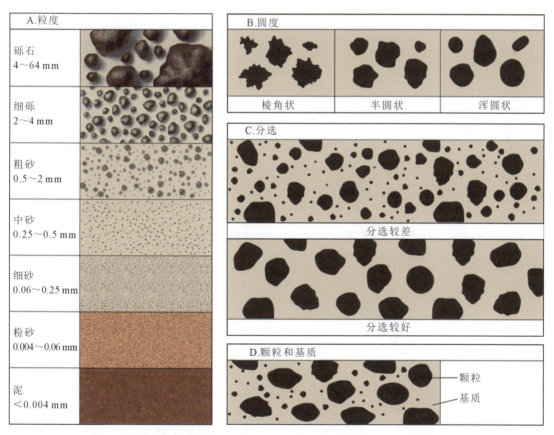

图2-7 沉积物结构特征示意图(据焦养泉等,2015)

1. 沉积物粒度

1)粒度的概念

碎屑颗粒的粒度是指碎屑颗粒的大小,是碎屑颗粒最主要的结构特征,但碎屑颗粒的外形常极不规则(Mccave & Syvitski,1991)。碎屑颗粒的大小不仅在不同的碎屑岩(如砾岩、砂岩、粉砂岩等)中相差很大,在同一种碎屑岩中也有很大的差别。碎屑颗粒的大小直接决定着岩石的类型和性质,因此是碎屑岩分类命名的重要依据。粒度和颗粒的分选性是地质营力的能力和效率的度量标志之一。

2)粒级的划分

目前我国存在多种碎屑颗粒粒度分级的划分方案和分级标准。从颗粒成分和大小的关系来看,一般岩屑多见于大于 2 mm 的粒级中,粒度小于 2 mm 者多为矿物碎屑,如石英、长石;碎屑在 0.005~2 mm 粒级内最为集中;小于 0.005 mm 的颗粒则以黏土矿物为主(表 2-2)。

表 2-2 常用碎屑颗粒粒度分级表(据朱筱敏,2008)

十进制			2 的几何级数制	
颗粒直径/mm	粒级划分			颗粒直径/mm
>1000	巨砾	砾	巨砾	>256
100~1000	粗砾		中砾	64~256
10~100	中砾		砾石	4~64
2~10	细砾		卵石	2~4
1~2	巨砂	砂	极粗砂	1~2
			粗砂	0.5~1
0.5~1	粗砂		中砂	0.25~0.5
0.25~0.5	中砂		细砂	0.125~0.25
0.01~0.25	细砂		极细砂	0.062 5~0.125
0.05~0.1	粗粉砂	粉砂	粗粉砂	0.031 2~0.062 5
			中粉砂	0.015 6~0.031 2
0.005~0.05	细粉砂		细粉砂	0.007 8~0.015 6
			极细粉砂	0.003 9~0.007 8
<0.005	泥	黏土	泥	<0.003 9

在国际上应用较广的是伍登-温特华斯(Udden - Wentworth)的方案,又称为 2 的几何级数制(图 2-8)。它是以 1 mm 为中心,乘以 2 或除以 2 来进行分级(Udden,1898;Wentworth,1922)。我国科研和实际生产中广泛应用十进制进行粒级划分(图 2-8)。

2. 沉积物的分选性、磨圆度和成熟度

1)分选性

分选性是指碎屑物质在水、风等动力作用下,按粒度、形状或密度的差别发生分别富集的现象,表示颗粒大小的不均一性。

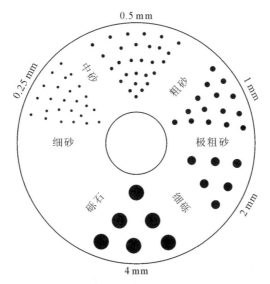

图 2-8 碎屑岩粒度分级饼状图(据 Udden-Wentworth,1898)

分选性是沉积环境能级的反映(刘宝珺,1980)。一般来说,随着搬运距离的加长,岩石的分选性也变好;沉积介质的强烈和持续搅动也有助于分选程度的增高;风的搬运比水的搬运分选好,滨海沉积比湖泊和河流沉积的分选好(图 2-9)。

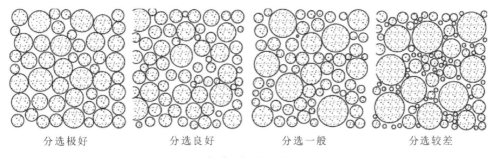

图 2-9 沉积物分选性对比图(据 Lewis,1984)

2)磨圆度

磨圆度是指碎屑颗粒在被搬运过程中,经过流水冲刷、互相碰撞之后,原始棱角被磨蚀圆化的程度,它是碎屑岩重要的结构特征之一(图 2-10)。

在手标本的观察描述中,通常把碎屑的磨圆度划分为棱角状、次棱角状、次圆状和圆状。

碎屑颗粒的磨圆度一方面取决于它在搬运过程中所受磨蚀作用的强度,另一方面也取决于碎屑颗粒本身的物理化学性质、搬运条件及其原始形状、粒度等。

碎屑的磨圆度总是随着搬运距离和搬运时间的增加而增高,这是碎屑颗粒磨圆度变化的总趋势。

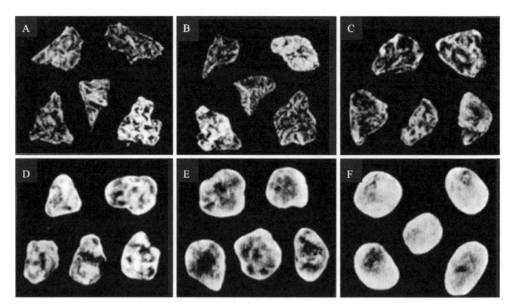

图 2-10 碎屑磨圆度(据 Shepard & Young,1961)
A. 极棱角状;B. 棱角状;C. 次棱角状;D. 次圆状;E. 浑圆状;F. 极圆状

3)成熟度

结构成熟度是指碎屑岩沉积物在风化、搬运及沉积作用的改造下接近终极结构特征的程度(Folk,1974)。

由于结构成熟度最终受复杂的搬运和沉积环境所控制,因此还可出现更为复杂的情况(图 2-11)。如在风暴期,可使得磨圆度高、分选好的浅海陆棚砂和由较深水环境带来的大量黏土杂基相混合,致使浅海陆棚砂的结构成熟度降低。此外,生物的扰动也可以产生这种混合作用,这种现象称为结构蜕变。

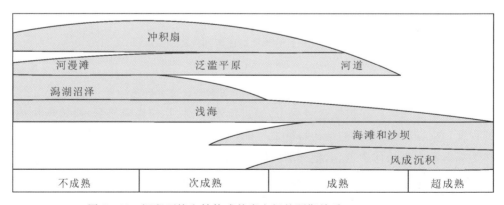

图 2-11 沉积环境和结构成熟度之间的预期关系(据 Lewis,1991)

碎屑岩的成分成熟度是指碎屑沉积物组分在经风化、搬运、沉积作用的改造下接近最稳定的终极产物的程度。在轻矿物组分中，单晶非波状消光石英是最稳定的，它的相对含量是碎屑岩成熟程度的重要标志。在重矿物组分中，锆石、电气石、金红石是最稳定的，这3种矿物在透明重矿物中所占比例称为"ZTR"指数，也是判断成分成熟度的标志。因此，成分成熟度越高，稳定组分的含量越高，不稳定组分的含量越低。

2.3.2 碎屑沉积物的构造

沉积构造是沉积物（岩）的重要特征之一，是指沉积岩的各个组成部分之间的空间分布和排列方式，它是在沉积期或沉积后由物理作用、化学作用和生物作用所形成的众多构造和种类（表2-3）。沉积构造主要形成于石化作用之前，但有些（如生物穿孔遗迹和某些化学结核）是在石化作用之后形成的。由于这些构造几乎都是在原地形成的，所以它们是成岩作用最好的成因标志（朱筱敏，2008）。

表2-3 沉积岩构造的分类（据朱筱敏，2008）

成因类型	沉积岩构造的分类
流动成因构造	层理：水平层理、平行层理、交错层理、上攀沙纹层理、波状层理、压扁层理和透镜状层理、递变层理、韵律层理、块状层理； 波痕：流水波痕、浪成波痕、风成波痕、干涉波痕与改造波痕、孤立波痕、皱痕； 流动侵蚀痕：槽模、沟模、刻蚀、冲刷-充填构造、叠覆递变构造
同生变形构造	层面变形构造：干裂和脱水收缩裂隙、撞出坑、雨痕及冰雹痕； 层内变形构造：负荷构造、砂球和砂枕构造、包卷层理、滑塌构造、泄水管和碟状构造、碎屑岩脉
生物成因构造	生物活动痕迹：停息迹、爬行迹、觅食迹、搜索迹、层位迹； 生物扰动构造：弱扰动、中等扰动、强扰动、极强扰动； 生长痕迹：叠层构造、植物根迹
化学成因构造	结核、缝合线、叠锥构造
其他成因构造	鸟眼构造、示顶底构造等

沉积期形成的构造称原生构造，如层理、波痕等流动成因构造。沉积后形成的构造，有的是在沉积物固结成岩之前形成的，如负荷构造、包卷层理等同生变形构造；有的是沉积物固结成岩以后产生的，如缝合线、叠锥等化学成因构造。

2.3.2.1 流动成因构造

1. 层理

层理是碎屑岩最典型、最重要的特征之一,它是沉积物沉积时水动力条件的直接反映,也是沉积环境的重要标志之一。

层理是岩石性质沿垂向变化的一种层状构造。它可以通过矿物成分、结构、颜色的突变或渐变而显现出来。碎屑岩因层理的存在而表现出岩石的非均质性,层理是碎屑岩最典型、最重要的特征之一。

1) 基本术语

为了便于层理的描述和研究,首先要了解与层理有关的一些基本术语(图 2-12)。

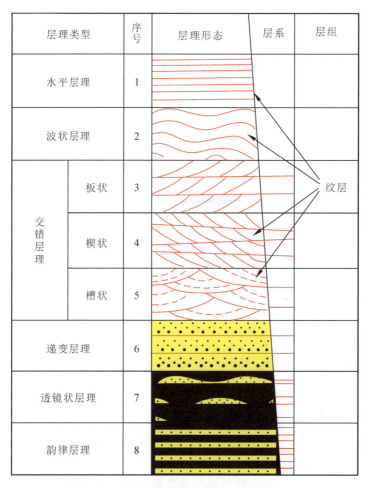

图 2-12 层理类型及有关术语(据朱筱敏,2008)

纹层:通常也称细层。纹层是组成层理的最基本的单位,纹层之内没有任何肉眼可见的层。它是在一定条件下,具有相同岩石性质的沉积物同时沉积的结果。

层系:由许多在成分、结构、厚度和产状上近似的同类型纹层组合而成,它们形成于相同的沉积条件下,是一段时间内水动力条件相对稳定的水流条件下的产物。

层系组:也称层组,由两个或两个以上岩性(成分、结构)基本一致的相似层系或性质不同但成因上有联系的层系叠覆组成,其间没有明显间断。

层:是组成沉积地层的基本单位,由成分基本一致的岩石组成。它是在较大区域内,在基本稳定的自然条件下沉积而成的,可以根据它在成分和结构上的不连续性与上下邻层区分开。

2)层理分类及主要类型

层理是岩石性质沿垂向变化的一种层状构造。它可以通过矿物成分、结构、颜色的突变或渐变而显现出来,碎屑岩因层理的存在而表现出岩石的非均质性。

在沉积层序的描述中,按照层内组分和结构的性质一般将层理划分为4种类型,即非均质层理、均质层理、递变层理和韵律层理。在非均质层理中再按照几何形态进一步细分为水平层理、波状层理、交错层理,以及压扁层理、透镜状层理。非均质层理是由于层内成分和结构等的非均质性而显现出各种形态纹层所形成的层理,显然它包括了分类表中的大部分层理类型(朱筱敏,2008)。下面介绍主要的层理类型。

(1)水平层理和平行层理(图2-13)。水平层理的特点是纹层呈直线状互相平行,并且平行于层面。一般认为这种层理是在比较稳定的水动力条件下,悬浮物质以比较慢的沉积速率沉积形成的。

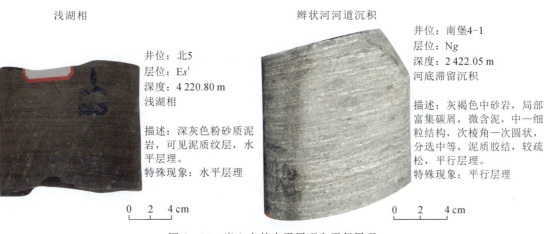

图2-13 岩心中的水平层理和平行层理

水平层理主要是由平行而又几乎水平的纹层状砂和粉砂组成的,纹层厚度为毫米级至厘米级,它是在较强水动力条件下,在平坦床沙中沉积而成的。这种层理的纹层是因颗粒大小变化、含有不同重矿物或顺层富集碳屑而显现的。

平行层理一般出现在急流及高能量环境中,如河道、海(湖)岸和海滩等沉积环境中,常与大型交错层理或冲洗层理共生。平行层理具良好含油气性。

水平层理与平行层理外貌相似,在实际工作中,正确区分水平层理与平行层理具有重要的科学意义和实际意义。

(2)交错层理。交错层理(图2-14、图2-15)是由一系列斜交于层系界面的纹层组成的层理,斜层可以彼此呈重叠、交错、切割的组合方式。

扇三角洲前缘

井位:北13
层位:Ed^1
深度:2 708.69 m
滨浅湖过渡

描述:深灰色泥岩,频繁夹粉砂岩,波状、脉状层理十分发育,见少量植物茎化石。
特殊现象:波状、脉状交错层理

辫状河三角洲前缘

井位:堡探3
层位:Ed^{3x}
深度:3 798.05 m
远沙坝

描述:整体泥质含量较高,为灰黑色泥质粉砂岩夹泥质条带或纹层,由下至上泥质纹层逐渐减少显示为反旋回,其中可见波状交错层理。
特殊现象:波状交错层理

扇三角洲前缘

井位:庙18
层位:Ed^1
深度:2 349.23 m
水下分流河道

描述:底部为厚约1 m的灰绿色泥质粉砂岩,见较完整的植物叶片化石及丰富的植物茎化石,向上变为灰色砂质泥岩。
特殊现象:波状层理

图2-14 岩心中的交错层理

图2-15 野外露头大型交错层理(据焦养泉等,2015)

(3) 递变层理。递变层理是以粒序递变为特征的一种层理类型,除了粒度外,一般无任何内部纹理。粒度递变可以向上变粗,也可以向上变细,还可以先变粗再变细,这反映了介质能量的不断变化(图 2-16)。

辫状河三角洲前缘亚相

井位:冀海1X1
层位:Ed^1
深度:2 662.75 m
水下分流河道

描述:青灰色中砂岩,向上过渡到灰色细砂岩。
特殊现象:递变层理

扇三角洲平原

井位:庙40
层位:Ed^1
深度:2 541.31 m
河口坝

描述:由砂质泥岩-粉砂岩-细砂岩构成的反旋回,波状交错层理,少量浅穴(河口坝)。
特殊现象:多期递变层理

图 2-16 岩心中的递变层理

典型递变层理主要由砂-粉砂和泥质组成,多是重力流沉积形成的。一般来说,沉积物质越粗,递变层理厚度越大,侧向延伸也越远。在整个层系中,递变单层的厚度通常在 0~25 cm 之间,个别可达 1 m 以上,有时偶见递变序列中部颗粒粗、上下颗粒细的双向递变层理和下细上粗的反向递变层理。

2. 层面构造

(1) 波痕。波痕是由风、水流或波浪等介质的运动,在沉积物表面所形成的一种波状起伏的层面构造(图 2-17)。为了对波痕进行定量研究,需要了解各种波痕的要素(图 2-18)。

波长 L 为相邻波峰或波谷间的水平距离;波高 H 为波峰与波谷之间高差;波痕指数 L/H 为波长与波高的比值,表示波痕相对高度及起伏情况;不对称度 $RSI=L_1/L_2$,为缓坡水平投影的距离 L_1 与陡坡水平投影距离 L_2 的比值,表示波痕的不对称程度。

由于在古代沉积物中,波痕的大小(包括波痕指数)会受到压实作用的影响,所以,有人认为在研究古代沉积物的波痕时,以应用波痕不对称度为宜。

波痕的形状、大小差别很大,种类繁多,按成因可大致分为 3 种类型:浪成波痕、流水波痕和风成波痕。按照不对称度可分为对称波痕($RSI\approx1$)和不对称波痕($RSI>1$)。浪成波痕有对称波痕和不对称波痕,流水波痕和风成波痕为不对称波痕。

图 2-17 波痕(据焦养泉等,2015)

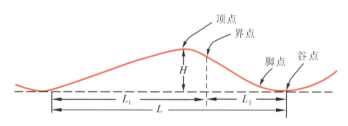

图 2-18 波痕各要素示意图(据朱筱敏,2008)

(2)冲刷构造。底流冲刷泥质表层的痕迹称为冲刷痕,在南堡凹陷沙河街组和东营组沉积时期常发育有冲刷构造(图 2-19),它一般形成于扇三角洲平原主河道河床底部。

扇三角洲前缘

井位:高43-21
层位:Es^1
深度:2 951.36 m
水下分流河道

描述:下部为灰色泥岩,上部为深灰色砂粉砂岩,岩性分界面截然并呈不规则凹凸,分界面上可见撕裂泥砾。
特殊现象:冲刷面、撕裂泥砾

辫状河三角洲平原

井位:南堡306X1
层位:Es^1
深度:4 233.07 m
分流河道

描述:深灰色中粗砂岩,分选较差,可见冲刷面,冲刷面底层可见砾径约为0.8 cm的砾石。
特殊现象:冲刷面

图 2-19 岩心中的冲刷构造

2.3.2.2 变形构造

变形构造也称同生变形构造,是指在沉积作用的同时或在沉积物固结成岩之前,处于塑性状态时发生变形所形成的各种构造。

1. 负载构造

负载构造也称负荷构造、重荷模等,是指覆盖在泥质岩之上的砂层底面上的瘤状突起(图2-20)。它是下伏的含水塑性软泥承受了不均匀的负载,使上覆砂质物压陷进入下伏泥质物中而产生的。负载构造形状很不规则,形态多变,排列杂乱,大小不一,从几毫米到几十厘米,但同一层面上出现的负载构造的大小基本上接近一致。

近岸水下扇

井位:南堡1-68
层位:Es^1
深度:4 153.88 m
浊积水道

描述:下伏的含水塑性软泥承受了上覆的灰白色细砂岩,使上覆砂质物压陷进入下伏泥质物中。
特殊现象:负载构造

0 2 4 cm

扇三角洲前缘

井位:庙14-2
层位:Ed^{3s}
深度:3 482.75 m
水下分流河道

描述:红褐色含砾细砂岩,夹灰白色含砾细砂岩,发育滑塌变形构造。
特殊现象:变形构造

0 2 4 cm

图 2-20 负载构造

2. 包卷层理

包卷层理也称卷曲层理、揉皱层理,是指在一个岩层内所发生的沉积纹层盘回和扭曲现象(图2-21)。它主要见于软薄层(2~25 cm)粗粉砂层或细粉砂层中,也可出现在硅质或碳酸盐质层中。习惯上将这种不规则的变形层理称作扭曲层理。

包卷层理在浊流沉积中较为常见,如小型包卷层理常出现在鲍马序列的C段(包卷层理段),在潮间滩地、河流泛滥平原及点沙坝中也很丰富。

3. 滑塌构造

滑塌构造是指斜坡上未固结的软沉积物在重力作用下发生滑动和滑塌而形成的变形构造。各种类型的不规则扭曲层理也属于滑塌构造(图2-22)。

滑塌构造一般伴随快速沉积而产生,是水下滑坡的良好标志。滑塌构造多分布在潮间滩地的水道内与水道中的点沙坝、三角洲前缘以及海底峡谷前缘等沉积环境。

中扇

井位：冀海1X1
层位：Ed_3^s
深度：3 768.44 m
分流水道

描述：岩心段整体为灰黑色泥质含量较高的细砂岩，夹泥岩，其中发育包卷层理，为浊积扇沉积相扇中分流河道所发育的典型构造。
特殊现象：包卷层理

中扇

井位：冀海1X1
层位：Ed_3^s
深度：3 763.95 m
分流水道

描述：深灰色泥岩夹泥质粉砂岩，可见包卷层理。
特殊现象：包卷层理

图 2-21 砂岩的包卷层理

扇三角洲平原

井位：林2
层位：Ed_3^x
深度：3 777.44 m
分流河道

描述：整体呈正粒序，底部为含巨砾粗砂岩，漂砾直径达3 cm，上部逐渐过渡为滑塌变形的泥岩。
特殊现象：漂砾及滑塌变形

扇三角洲前缘

井位：北30
层位：Ed_3^s
深度：3 635.40 m
河口坝

描述：浅灰色细砂岩，粉砂岩夹浅灰色泥质条带，包卷变形构造，滑塌变形。
特殊现象：滑塌变形

辫状河三角洲前缘

井位：冀海1X1
层位：Ed_3^s
深度：3 701.22 m
水下分流河道

描述：灰色细砂岩，夹深灰色泥岩条带，有小断层构造和重力滑塌构造。
特殊现象：滑塌构造

图 2-22 滑塌构造

2.3.2.3 生物成因构造

除了生物的死亡、埋藏和保存可留下它们的遗体形成化石之外，生物在沉积物内部或表层活动时，常把原来的沉积构造加以破坏或变形，从而留下它们活动的痕迹，这些构造称为生物成因构造。生物成因构造包括生物遗迹构造、生物扰动构造及植物根茎痕等。

1. 生物扰动构造

生物扰动构造是指底栖生物的活动造成沉积物层理遭到破坏，同时产生新的具生物活动特征的构造面貌（图2-23）。

扇三角洲平原
井位：林1
层位：Ed^{3s}
深度：3 379.17 m
泛滥平原

0 2 4 cm

描述：水平层理质纯砂质泥岩，夹少量厚1~2 cm细砂岩，见少量植物茎化石。正粒序。
特殊现象：生物潜穴

扇三角洲平原
井位：林1
层位：Ed^{3s}
深度：3 384.58 m
分流河道

0 2 4 cm

描述：灰色细砂岩夹薄层泥岩，发育小型交错层理和波状层理，见丰富的生物潜穴。
特殊现象：生物潜穴

扇三角洲平原
井位：高87
层位：Es^{3-1}
深度：3 649.33 m
分流河道

0 2 4 cm

描述：浅灰色细砂岩，分选较均匀，颗粒呈次棱角状，局部夹花纹状的泥质条带，中间含较多腹足动物化石。
特殊现象：动物化石，潜穴

图2-23 生物潜穴

生物扰动构造常对其他原生沉积构造产生破坏，其中斑点构造是生物扰动的良好标志。这些标志在不同的岩类和沉积环境中的分布是不均衡的。当生物扰动强烈时，可使无机沉积的原始构造（层理）全部被破坏，形成生物扰动岩。

2. 植物根茎痕

植物根呈碳化残余或枝杈状矿化痕迹出现在陆相地层中，它们在煤系中特别常见，是陆相的可靠标志。在煤系地层中，根常被铁和钙的碳酸盐所交代，形成各种形状的结核——植物根假象（图2-24）。

井位：柳103x1
层位：Ed^3
深度：3 142.40 m
浅湖

描述：整体为灰色泥岩，可见典型的植物茎叶化石。
特殊现象：植物茎叶化石

0 2 4 cm

井位：NP403X9
层位：Ed^3
深度：4 117.31 m
浅湖

描述：整体为灰黑色泥岩，可见典型的植物茎叶化石。
特殊现象：植物茎叶化石

0 2 4 cm

图2-24 植物茎叶化石

第3章 扇三角洲岩心特征

3.1 扇三角洲沉积相

扇三角洲是以冲积扇为物源而形成的近源砾石质三角洲(于兴河,2002),主要形成于构造活动较强烈或地势坡度较陡的地区,由扇三角洲平原、扇三角洲前缘和前扇三角洲组成(图3-1)。

断陷湖盆中发育的扇三角洲常发育于边界断裂陡坡带,一部分位于水上,另一部分位于水下(刘延莉等,2008;Wei et al.,2016)。水上部分称为扇三角洲平原,水下部分称为扇三角

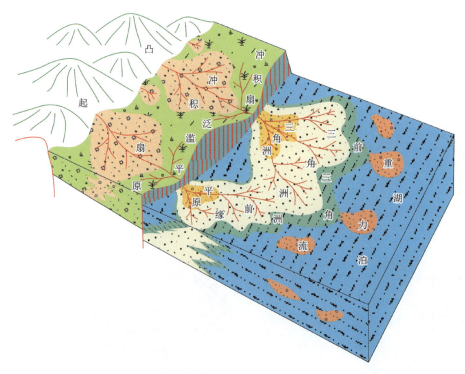

图3-1 扇三角洲发育模式及其沉积相展布特征示意图

洲前缘和前扇三角洲。

由于临近物源区，扇三角洲沉积物粒度较粗，多为砾石质，分选、磨圆差，成分和结构成熟度较低，发育牵引流形成的大型交错层理和重力流成因的混杂沉积构造，多发育向上变粗的反韵律。扇三角洲可单独出现，也可成群分布。平面呈扇形，剖面呈楔形。

3.1.1 扇三角洲平原

扇三角洲平原亚相主要为混杂砾岩、砂砾岩，夹红色、黄色、灰绿色和杂色泥岩，以陆上辫状河道沉积为主，单一层序见下粗上细的正韵律。在砂砾岩中可见到较大型的斜层理、交错层理和平行层理。扇三角洲平原相带的自然电位曲线多为带小锯齿的低幅箱状。

扇三角洲平原亚相一般包括辫状河道、越岸沉积和漫流沼泽沉积。沉积特征类似于陆上冲积扇沉积。

1. 辫状河道

辫状河道沉积于扇三角洲平原的上部，以厚层碎屑支撑的砾岩、砾状砂岩为主要岩性，成熟度低，分选差至中等，无递变层理或具正递变层理。河道底部常见底砾岩[图3-2(d)、(e)、(g)、(j)、(k)、(m)]，砾石次棱角至次圆状，长轴一般为几厘米并呈叠瓦状或定向排列[图3-2(e)、(g)、(m)]，也可见砾石混杂分布[图3-2(d)、(j)、(k)]。底部具冲刷面[图3-2(c)]和滞留砾石、(撕裂)泥砾[图3-2(a)、(i)]沉积，一般呈块状，向上粒度变细，相应出现大型交错层理、平行层理、小型交错层理、波状层理、包卷层理、化石少见。岩石由泥质胶结，岩屑含量可达45%，但在临近滨岸的地区，岩性变细，为含砾砂岩与粗砂岩，成熟度相对提高[图3-2(b)、(c)、(f)、(h)、(n)]。充填辫状河道的沉积物具有下粗上细的粒度正韵律，自然电位曲线显示微齿化的钟形。

(a)

井位：北7
层位：Ed^{3s}
深度：3 224.11 m
水上分流河道

0 2 4 cm

描述：灰白砂质纯，分选磨圆好，色均匀，含大量撕裂状泥砾，泥砾中普遍含粉细砂岩薄层。
特殊现象：撕裂状泥砾

(b)

井位：高87
层位：Es^{3-1}
深度：3 649.33 m
水上分流河道

0 2 4 cm

描述：浅灰色粗砂岩，分选较均匀，颗粒呈次棱角状，局部夹花纹状的泥质条带，中间含较多腹足动物化石。
特殊现象：无

(c)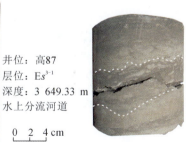

井位：林1
层位：Ed^{3s}
深度：3 384.58 m
水上分流河道

0 2 4 cm

描述：灰色细砂岩夹薄层泥岩，发育沉积扰动、差异压实现象。
特殊现象：沉积扰动

(d)

井位：林2
层位：Ed^{3x}
深度：4 040.20 m
水上分流河道
0 2 4 cm

描述：完整的辫状分流河道，多个正旋回，向上变细，下部分流河道，具明显底砾岩。底砾岩直径1~3 cm。
特殊现象：河道底砾岩

(e)

井位：林2
层位：Ed^{3x}
深度：4 042.25 m
水上分流河道
0 2 4 cm

描述：含砾粉砂质泥岩，混杂块状沙砾岩，分选差，成岩性好，具明显底砾岩。底砾岩直径1~4 cm。
特殊现象：河道底砾岩

(f)

井位：林2
层位：Ed^{3x}
深度：4 038.41 m
水上分流河道
0 2 4 cm

描述：灰白色含砾中砂岩向上过渡至中砂岩，发育大量定向排列片状碳质碎屑。
特殊现象：碳质碎屑水平定向

(g)

井位：林3
层位：Ed^{3x}
深度：2 646.00 m
水上分流河道
0 2 4 cm

描述：由底砾岩—含砾细砂岩—细砂岩构成的正旋回，大型交错层理，砾径1~5 cm，长轴方向平行。
特殊现象：长轴平行底砾岩

(h)
井位：林2
层位：Ed^{3x}
深度：3 776.68 m
水上分流河道
0 2 4 cm

描述：整体呈正粒序，底部为砂砾岩，向上过渡为细砂岩，泥质碎屑含量逐渐增多，顶部可见含碳质碎屑。
特殊现象：撕裂泥砾及碳质碎屑

(i)

井位：林2
层位：Ed^{3x}
深度：3 777.44 m
水上分流河道
0 2 4 cm

描述：整体呈正粒序，底部为含巨砾粗砂岩，漂砾直径达3 cm，上部逐渐过渡为滑塌变形的泥岩。
特殊现象：漂砾及滑塌变形

(j)
井位：庙40
层位：Ed^2
深度：2 536.53 m
水上分流河道
0 2 4 cm

描述：正旋回，由大型交错层理，细砂岩—中砂岩—含砾中砂岩组成，砾石可达4 cm。
特殊现象：底砾岩

(k)

井位：庙14-2
层位：Ed^3
深度：3 957.51 m
水上分流河道
0 2 4 cm

描述：砂砾岩，砾径平均为2 cm，排列不规则，岩石胶结较松散，分选磨圆差。
特殊现象：砂砾岩

(l)
井位：庙14-2
层位：Ed^3
深度：3 954.55 m
水上分流河道
0 2 4 cm

描述：灰黑色细砂岩中夹杂着扁平状或撕裂状泥砾，扁平状泥砾长轴约5 cm，短轴约1 cm，为分流河道冲刷形成。
特殊现象：泥砾

(m)

井位：高21
层位：Ed^{3x}
深度：3 918.75 m
水上分流河道

0 2 4 cm

描述：底部砾岩向上过渡为粗砂岩，砾石直径1～2 cm，局部发育滑塌构造。
特殊现象：滑塌构造、底砾岩

(n)

井位：北3
层位：Ed^{3x}
深度：3 592.57 m
水上分流河道

0 2 4 cm

描述：灰色中砂岩向上过渡为灰色含砾粗砂岩，砾石直径0.5～1 cm。
特殊现象：无

图 3-2　扇三角洲平原辫状河道典型岩心图片

2. 漫滩沼泽

在扇三角洲平原亚相沉积范围内，除了发育砾石质的辫状分流河道沉积外，还发育越岸沉积[图3-3(a)、(b)]和泛滥平原[图3-3(c)、(d)]及漫滩沼泽[图3-3(e)、(f)]。其中越岸沉积，占比例较少，多发育于扇三角洲平原靠近蓄水体地区。越岸沉积通常很薄，呈席状分布，以粒度细，具小型波痕纹理和攀升纹理，并与背景沉积呈互层为特征[图3-3(a)、(b)]。泛滥平原及沼泽沉积通常出现于体系废弃阶段。南堡凹陷北部扇三角洲漫滩沼泽发育不全，面积小，为细粒沉积为主，一般为粉砂、黏土及细砂薄互层[图3-3(e)、(f)]，这些薄互层往往呈块状或水平纹层状，夹少量交错纹理[图3-3(e)]，局部可见植物根系[图3-3(e)]、沥青质[图3-3(f)]及生物扰动构造。该凹陷的扇三角洲平原的泛滥平原规模也很小，以泥岩或杂色砂岩为主，夹少量的薄层的粉砂或细砂的漫流沉积，可见植物根茎化石和生物潜穴[图3-3(c)、(d)]。

扇三角洲平原典型岩心综合柱状图见图3-4。

(a)

井位：老2x1
层位：Ed^{3s}
深度：4 063.69 m
越岸沉积

0 2 4 cm

描述：浅灰色细砂岩，质纯，色均，分选磨圆好，平行板状交错层理，下部泥质薄层，见火焰构造和波状交错层理，局部见植物茎层。
特殊现象：火焰状构造

(b)

井位：庙40
层位：Ed^{1}
深度：2 541.31 m
越岸沉积

0 2 4 cm

描述：由砂质泥岩—粉砂岩—细砂岩构成的反旋回，波状交错层理，少量浅穴。
特殊现象：多期反旋回

(c)

井位：林1
层位：Ed^{3s}
深度：3 379.17 m
泛滥平原

0 2 4 cm

描述：水平层理质纯砂质泥岩，夹少量厚1~2 cm的细砂岩，见少量植物茎化石，正粒序。
特殊现象：生物潜穴

(d)

井位：林2
层位：Ed^{3x}
深度：3 779.29 m
泛滥平原

0 2 4 cm

描述：杂色泥岩，质纯，成岩性好。夹多个细砂岩薄层，局部含较多泥砾，具液化变形。
特殊现象：生物潜穴

(e)

井位：南24
层位：Ed^{1}
深度：2 020.73 m
漫滩

0 2 4 cm

描述：浅灰色细砂岩夹泥质纹层，波状层理发育，较多的植物茎化石。分选中等，泥质胶结，泥质分布不均，呈条带状，具斜层理。
特殊现象：斜层理

(f)

井位：庙14-2
层位：Ed^{3}
深度：3 954.10 m
漫滩沼泽

0 2 4 cm

描述：深灰粉砂岩，泥质含量较高，岩心断面可见沥青质，沥青光泽、贝壳状断口。
特殊现象：沥青质

图3-3 扇三角洲洪泛平原典型岩心图片

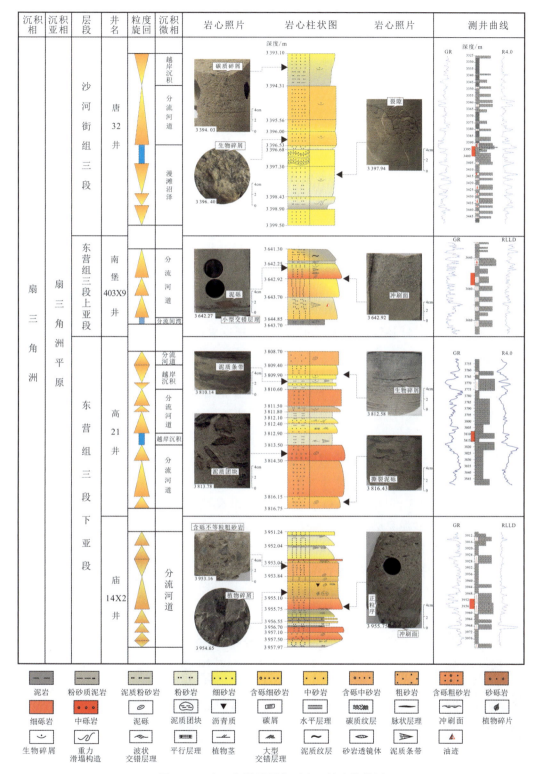

图 3-4 扇三角洲平原典型岩心综合柱状图

3.1.2 扇三角洲前缘

扇三角洲前缘相带主要为砂砾岩和砂岩,夹灰绿色泥岩。该相带岩性变化较大,为扇三角洲砂体发育最好的部分,可进一步划分出水下分流河道和水下分流间湾、河口沙坝及席状砂等相带。水下分流河道为砂砾岩组和砂岩组,并夹薄层泥岩,发育大型斜层理、平行层理和交错层理。单一层序厚度为0.3~2 m,构成下粗上细的正韵律层,多层河道叠合砂体可厚达数十米。自然电位曲线多为箱形。河口坝为分选较好的含砾砂岩和砂岩,与灰色泥岩构成互层,层理发育,以低角度交错层理和平行层理为主,自然电位曲线呈漏斗形—钟形或呈前积指状。在某些扇三角洲前缘相中,河口沙坝发育很差或不发育。席状砂为分布于河口沙坝外缘的薄层砂体,岩性变细,以砂岩沉积为主,自然电位曲线为指状和齿状。

扇三角洲前缘以较陡的前积相为特征,发育大中型交错层理等牵引流沉积构造,主要沉积砂砾岩。扇三角洲前缘可细分为水下分流河道、水下分流河道间、河口沙坝、席状砂和远沙坝等沉积微相。南堡凹陷扇三角洲席状砂、远沙坝发育较少,本书不作举例。

1. 水下分流河道

在整个扇三角洲前缘沉积中,水下分流河道占有相当重要的地位。水下分流河道沉积由含砾砂岩和砂岩构成,分选中等。垂向层序结构特征与陆上分流河道相似,以正粒序为特征[图3-5(a)、(c)、(j)、(m)、(q)、(s)],但砂岩颜色变暗,以灰色、灰白色、灰褐色为主。底部可见底砾岩[图3-5(s)、(u)]、冲刷面构造[图3-5(h)、(k)、(l)、(o)],下部见撕裂泥砾[图3-5(h)]及滑塌变形构造[图3-5(p)、(r)],上部和顶部可受后期水流和波浪的改造,以中、小型交错层理[图3-5(g)、(i)、(t)]为主,有时出现脉状层理及差异压实构造[图3-5(b)、(v)],分支河道砂泥互层[图3-5(e)]现象频繁。此微相中化石较少,主要是浅水介形虫及淡水轮藻,偶见植物碎屑[图3-5(d)、(n)]及碳质纹层[图3-5(f)]。自然电位曲线呈顶底突变的箱形及钟形。整个砂体平面上呈长条状分布,横向剖面呈透镜状且很快尖灭。

(a) 井位:柳9
层位:Es^{3-2}
深度:3 800.33 m
水下分流河道

描述:下部为浅灰褐色含砾粗砂岩,向上变为细砂岩。
特殊现象:正粒序

0 2 4cm

(b) 井位:北30
层位:Ed^{3s}
深度:3 600.40 m
水下分流河道

描述:灰白色质纯细砂岩,块状到板状交错层理,夹薄层泥岩,局部见重荷和火焰状构造、碳质纹层、生物虫穴、泥砾等。
特殊现象:火焰构造

0 2 4cm

(c)

井位：北35
层位：Ed^{3s}
深度：3 137.07 m
水下分流河道

0 2 4 cm

描述：多个正旋回构成的分流河道，由底部含4 cm泥砾的砂砾岩向上过渡为含撕裂状泥砾的细砂岩。
特殊现象：正粒序

(d)

井位：柳103X1
层位：Ed^2
深度：3 146.84 m
水下分流河道

0 2 4 cm

描述：整体为灰色细砂岩夹碳粒，为河道冲刷形成的，碳粒大小基本一致，直径为0.3~0.8 cm。
特殊现象：碳粒

(e)

井位：柳103X1
层位：Ed^2
深度：3 265.12 m
水下分流河道

0 2 4 cm

描述：整体为灰黑色泥质粉砂岩，夹泥岩，泥岩与砂岩分界面不清晰，可见一些冲刷撕裂混杂的泥质条带与泥砾。
特殊现象：砂泥互层

(f)

井位：柳103X1
层位：Ed^2
深度：3 147.00 m
水下分流河道

0 2 4 cm

描述：整体为灰色细砂岩，其中夹有碳质薄层，由下至上碳质薄层逐渐增多，显示出一定的正旋回。
特殊现象：碳质薄层

(g)

井位：庙18
层位：Ed^1
深度：2 349.23 m
水下分流河道

0 2 4 cm

描述：底部为厚约1 m的灰绿色泥质粉砂岩，见较完整的植物叶片化石及丰富的植物茎化石，向上变为灰色砂质泥岩。
特殊现象：波状层理

(h)

井位：高43-21
层位：Es^1
深度：2 951.36 m
水下分流河道

0 2 4 cm

描述：下部为灰色泥岩，上部为深灰色粉砂岩，岩性分界面截然并呈不规则凹凸，分界面上可见撕裂泥砾。
特殊现象：冲刷面、撕裂泥砾

(i)

井位：高43-21
层位：Es^1
深度：2 936.71 m
水下分流河道

0 2 4 cm

描述：整体为灰色粉砂岩，泥质含量较高，可见波状交错层理。
特殊现象：波状交错层理

(j)

井位：高21
层位：Ed^3下
深度：4 291.68 m
水下分流河道

0 2 4 cm

描述：灰白色中砂岩向上逐渐过渡为灰白色泥质粉砂岩，正粒序。
特殊现象：无

(k)

井位：高21
层位：Ed^3
深度：4 291.68 m
水下分流河道

0 2 4 cm

描述：灰白色中砂岩向上过渡为灰黑色泥质粉砂岩，发育冲洗、冲刷构造。
特殊现象：冲洗、冲刷构造

(l)
井位：高23-39
层位：Ed^3
深度：3 940.80 m
水下分流河道

0 2 4 cm

描述：下部为灰黑色粉砂质泥岩，上部为灰色中砂岩。
特殊现象：冲刷面

(m)
井位：高23-39
层位：Ed^3
深度：3 933.80 m
分流河道

0 2 4 cm

描述：下部为灰色中砂岩向上过渡为灰色细砂岩，下部含少量泥质条纹，向上泥质含量减少。
特殊现象：正粒序

(n)
井位：高23-39
层位：Ed^3
深度：3 956.28 m
水下分流河道

0 2 4 cm

描述：灰黑色细砂岩夹杂大量植物茎化石。
特殊现象：植物茎化石

(o)
井位：南堡4-89
层位：Ed^2
深度：3 880.94 m
水下分流河道

0 2 4 cm

描述：整体下部为较纯净灰黑色粉砂质泥岩，上部为纯净灰白色中砂岩。
特殊现象：冲刷面

(p)
井位：南堡4-89
层位：Ed^2
深度：3 880.42 m
水下分流河道

0 2 4 cm

描述：下部为灰色中砂岩，局部含泥质团块，发育变形构造，向上泥质含量增多，过渡为灰黑色粉砂质泥岩，有少量生物碎屑。
特殊现象：正粒序、生物碎屑、变形构造

(q)
井位：南堡4-87
层位：Ed^2
深度：3 488.75 m
水下分流河道

0 2 4 cm

描述：底部为纯净灰色中砂岩，上部灰色中砂岩与灰黑色泥质粉砂岩互层，向上泥质含量增多。
特殊现象：正粒序

(r)
井位：北35
层位：Ed^3
深度：3 141.12 m
水下分流河道

0 2 4 cm

描述：下部灰色含砾粗砂岩，向上过渡为灰色粗砂岩夹杂变形泥质条带。
特殊现象：变形构造

(s)
井位：高23-39
层位：Ed^3
深度：3 899.14 m
水下分流河道

0 2 4 cm

描述：灰黑色含砾砂岩向上过渡为灰白色中砂岩，砾石直径为0.5～1 cm。
特殊现象：底砾岩、正粒序

(t)
井位：高23-39
层位：Ed^3
深度：3 592.57 m
水下分流河道

0 2 4 cm

描述：灰色细砂岩向上过渡为灰黑色泥质粉砂岩，向上泥质含量增多。
特殊现象：波状交错层理

(u)
井位：高23-39
层位：Ed^3
深度：3 831.61 m
水下分流河道

0 2 4 cm

描述：下部为灰色底砾岩，上部为灰色含粒粗砂岩过渡为灰白色中砂岩。
特殊现象：底砾岩

(v)
井位：北49
层位：Ed^2
深度：3 023.83 m
水下分流河道

0 2 4 cm

描述：浅棕色细砂岩，板状至波状交错层理，分选磨圆较好，含深棕色泥质粉砂岩条带，具火焰状构造。
特殊现象：火焰构造

图 3-5　扇三角洲前缘水下分流河道典型岩心图片

2. 水下分流间湾

水下分流间湾位于水下分流河道的两侧，由互层的浅灰色粉砂岩及暗色泥岩（图 3-6）组成。层理构造发育较少，受波浪的改造作用较明显，多波状小层理[图 3-6(a)]，粒序特征不明显。此微相的一个重要特征是生物扰动程度较高，有较多的生物潜穴，螺类壳体化石较丰富[图 3-6(b)、(c)]，偶见沥青质[图 3-6(d)]及植物碎屑[图 3-6(e)]，可见有鲕粒。概率图中跳跃总体常由 2 个斜率不同的次总体组成。

3. 河口坝

扇三角洲河口坝的沉积范围和规模较小，位于水下分流河道的前方，并继续顺其方向向湖盆中央发展。含砂量高，粒度以分选较好的粉砂—中砂为主，沉积主要显示反粒序[图 3-7(k)、(q)、(r)]。由于受季节性影响，常伴有泥质夹层或砂泥互层现象[图 3-7(j)、(n)、(p)、(t)]。沉积构造主要为中、小型平行层理[图 3-7(o)、(s)]，波状交错层理[图 3-7(i)、(n)、(p)、(t)]，透镜状层理，偶见板状交错层理。在较细的粉砂质泥岩中，可见滑动作用或生物扰动所形成的变形层理[图 3-7(a)、(f)、(g)]和扰动构造。受河流和湖泊水流的双重作用，可见撕裂泥砾[图 3-7(b)]及漂砾[图 3-7(c)、(e)]等。自然电位曲线反映了粒度反韵律特征，显示漏斗形、顶底渐变的箱形。河口沙坝整体呈底平顶凸或双凸的透镜状。

扇三角洲前缘典型岩心综合柱状图见图 3-8。

(a)
井位：北13
层位：Ed^1
深度：2 708.69 m
水下分流间湾

0 2 4 cm

描述：深灰色泥岩，频繁夹粉砂岩，波状、脉状层理十分发育，见少量植物茎化石。
特殊现象：波状纹层

(b)
井位：南堡4-15
层位：Ed^{3s}
深度：3 098.81 m
水下分流间湾

0 2 4 cm

描述：深灰色水平层理泥岩，见较多双背壳动物化石。
特殊现象：双壳化石

(c)
井位：高23X8
层位：Es^2
深度：4 316.26 m
水下分流间湾

0 2 4 cm

描述：灰黑色泥岩，断面可见贝壳类化石，其中化石直径约为1 cm。
特殊现象：贝壳类化石

(d)
井位：高43-21
层位：Es^1
深度：2 893.59 m
水下分流间湾

0 2 4 cm

描述：整体为青灰色泥岩，上部可见一层厚约0.8 cm的沥青质，可见沥青光泽，为脆性，贝壳状断口。
特殊现象：沥青质

(e)
井位：高43-21
层位：Es^1
深度：2 878.59 m
水下分流间湾

0 2 4 cm

描述：灰黑色泥质粉砂岩层面中可见植物碎屑，碎屑呈长条状，长轴5 cm，短轴0.8 cm。
特殊现象：生物碎屑

图3-6　扇三角洲前缘水下分流间湾典型岩心图片

(a)
井位：北30
层位：Ed^{3s}
深度：3 637.50 m
河口坝

0 2 4 cm

描述：由下到上灰白色的粉砂岩含泥质纹层过渡到灰白色的细砂岩，有明显的变形构造。
特殊现象：变形构造及反粒序

(b)
井位：北13
层位：Ed^{3s}
深度：3 208.85 m
河口坝

0 2 4 cm

描述：底部为深灰色泥岩，向上变为大型交错细砂岩，上部为中砂岩，含泥质团块，包卷变形。
特殊现象：泥质团块及反粒序

(c)
井位：北35
层位：Ed^{3x}
深度：3 569.95 m
河口坝

0 2 4 cm

描述：底部夹泥纹波状层理发育，中部为板状-楔状交错层理，上部为中粗粒砂岩，可见砂质漂砾。
特殊现象：反粒序及漂砾

(d)
井位：北35
层位：Es^1
深度：3 995.72 m
河口坝
0 2 4 cm

描述：底部为黑色碳质纹层向上过渡为灰色粉砂岩、细砂岩，碳质纹层含量逐渐减少的反粒序。
特殊现象：黑色碳质纹层及反粒序

(e)
井位：北35
层位：Ed^2
深度：2 971.12 m
河口坝
0 2 4 cm

描述：细砂至中砂的反旋回，中砂中大型交错层理发育，以顶部含有较多的泥砾为特征。
特殊现象：反粒序

(f)
井位：北30
层位：Ed^{3s}
深度：3 636.50 m
河口坝
0 2 4 cm

描述：浅灰色细砂岩，下部夹泥岩，上部块状，具液化变形及重荷构造。
特殊现象：液化变形

(g)
井位：北30
层位：Ed^{3s}
深度：3 635.40 m
河口坝
0 2 4 cm

描述：浅灰色细砂岩，粉砂岩夹浅灰色泥质条带，包卷变形构造，滑塌变形。
特殊现象：滑塌变形

(h)
井位：高49
层位：Ed^1
深度：2 444.30 m
河口坝
0 2 4 cm

描述：浅灰色细砂岩，较多植物茎和波状交错层理，可见薄层黑色碳质泥岩。
特殊现象：薄层碳质泥岩

(i)
井位：老2x1
层位：Ed^1
深度：3 251.15 m
河口坝
0 2 4 cm

描述：浅灰色细砂岩。分选中等，泥质含量达20%左右，下部富集呈条带状，断面粗糙，板状交错，局部波状交错，分选磨圆好，均匀质纯。
特殊现象：泥质纹层

(j)
井位：北35
层位：Ed^{3x}
深度：3 568.74 m
河口坝
0 2 4 cm

描述：由多个反旋回组成，底部夹泥纹波状层理发育，中部为板状-楔状交错层理，上部为中粗粒砂岩，含泥砾。每个旋回厚度大约为1 m。
特殊现象：反粒序

(k)
井位：高23X8
层位：Es^2
深度：4 182.82 m
河口坝
0 2 4 cm

描述：整体为灰色细砂岩夹灰黑色泥质团块，可见碳质碎屑脱落痕迹。
特殊现象：脱落痕迹

(l)
井位：庙14-2
层位：Ed^1
深度：4 151.17 m
河口坝
0 2 4 cm

描述：灰黑色泥质粉砂岩与粉砂质泥岩互层，向上粉砂质含量增多，岩性界面渐变接触，局部发育黑色泥质纹层。
特殊现象：砂泥互层

(m)

井位：高43-21
层位：Es^1
深度：2 948.78 m
河口坝

0 2 4 cm

描述：整体为灰色泥质粉砂岩，泥质含量较高，可见波状交错层理和泥质条带。
特殊现象：波状交错层理、泥质条带

(n)

井位：高43-21
层位：Es^1
深度：2 883.30 m
河口坝

0 2 4 cm

描述：整体为青灰色粉砂质泥岩夹灰色泥岩，泥岩层厚由下至上依次减薄，整段岩心显示出河口坝砂泥互层和反旋回的典型特征。
特殊现象：砂泥互层、反旋回

(o)

井位：北3
层位：Ed^1
深度：2 772.24 m
河口坝

0 2 4 cm

描述：灰黑色泥岩与灰色细砂岩互层，向上泥质含量减少，发育平行层理。
特殊现象：平行层理

(p)

井位：高23-39
层位：Ed^3
深度：3 907.20 m
河口坝

0 2 4 cm

描述：下部灰色细砂岩向上过渡为灰色中砂岩，发育大量泥质条纹。
特殊现象：波状交错层理

(q)
井位：南堡4-87
层位：Ed^2
深度：3 483.50 m
河口坝

0 2 4 cm

描述：下部灰黑色泥质粉砂岩向上逐渐过渡为灰色细砂岩，向上泥质含量减少。
特殊现象：反粒序

(r)
井位：南堡4-88
层位：Ed^2
深度：3 475.51 m
河口坝

0 2 4 cm

描述：下部灰白色细砂岩向上过渡为灰黑色中砂岩。
特殊现象：反粒序

(s)

井位：高23-39
层位：Ed^3
深度：3 835.01 m
河口坝

0 2 4 cm

描述：下部灰色细砂岩向上逐渐过渡为中砂岩，上部为较纯净灰色中砂岩。
特殊现象：平行层理

(t)

井位：高23-39
层位：Es^3
深度：3 942.51 m
河口坝

0 2 4 cm

描述：下部灰色细砂岩向上过渡为灰色中砂岩，向上泥质含量减少，发育碳质纹层。
特殊现象：波状交错层理

图3-7　扇三角洲前缘河口坝典型岩心图片

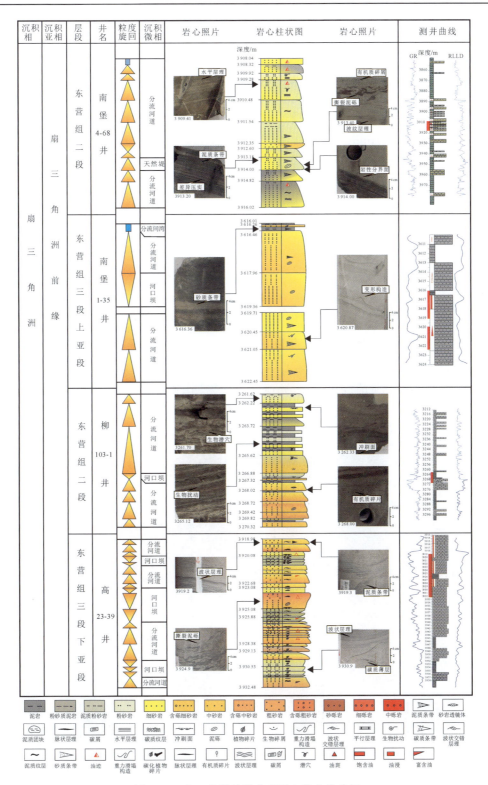

图 3-8 扇三角洲前缘典型岩心综合柱状图

3.1.3 前扇三角洲

前扇三角洲是指扇三角洲的浪基面以下部分,向下与陆架泥或深水盆地沉积过渡,没有明显的岩性界线。盆地边缘的构造特征对前扇三角洲沉积特点和沉积物的分布有重要影响。前扇三角洲沉积物由互层灰绿色、灰黑色泥岩、泥质粉砂岩、钙质页岩、油页岩组成。粒级和颜色的变化可形成季节性纹层,常见粉砂质透镜体夹层。发育水平层理,含较丰富的介形虫、鱼类等化石。自然电位曲线平直,前扇三角洲沉积分布较窄,与较深水相暗色泥岩较难区分。

3.2 扇三角洲岩心沉积相的应用

综合南堡凹陷的岩心观察,发现扇三角洲发育于南堡凹陷北部。南堡凹陷北部的西南庄断裂、柏各庄断裂为盆地边界深大断裂,提供了较大的地势高差,形成断裂陡坡带,为扇三角洲的发育提供了地质条件。根据岩心观察结果,识别出了扇三角洲平原和扇三角洲前缘亚相,以及各岩心所对应的沉积微相,并绘制出南堡凹陷扇三角洲及沉积亚相的分布范围(图3-9)。

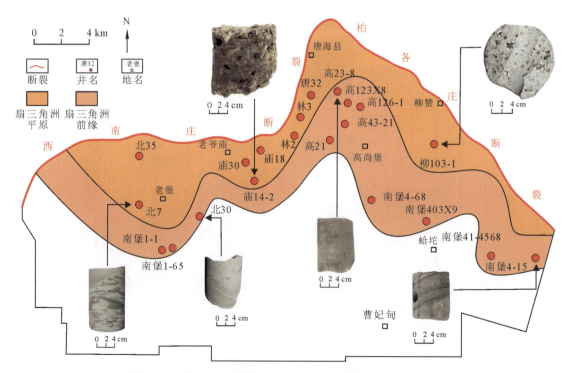

图3-9 基于岩心观察的南堡凹陷扇三角洲发育范围轮廓图

第4章 辫状河三角洲岩心特征

4.1 辫状河三角洲沉积相

辫状河三角洲是由辫状河流进海（湖）形成的三角洲，其发育受季节性洪水作用的控制（薛良清和 Galloway，1991）。辫状河三角洲通常是由湍急洪水控制，常由季节性的辫状河沉积作用产生。

辫状河三角洲可细分为3个沉积亚相，即辫状河三角洲平原、辫状河三角洲前缘和前辫状河三角洲（图4-1）。辫状河三角洲沉积层序常常不太完整，其中可发育块状砾岩相，块状

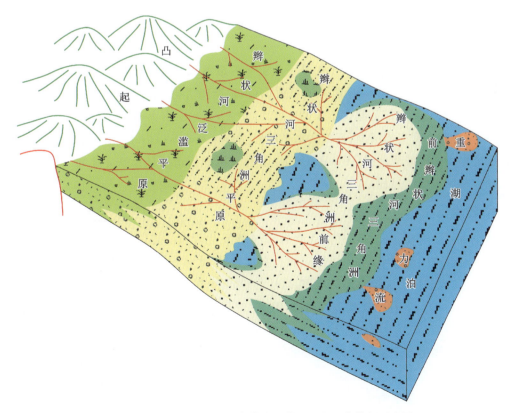

图4-1 辫状河三角洲发育模式及其沉积相展布特征示意图

砂岩相,平行层理砂岩相,波状、断续波状交错层理粉细砂岩相,块状粉砂岩相以及块状层理泥岩相和槽状交错层理砂岩相,但叠瓦状砾岩相、板状交错层理砂砾岩相不太发育。平原地区以下粗上细正韵律沉积为主,前缘地区多发育下细上粗的反韵律。

4.1.1　辫状河三角洲平原

辫状河三角洲平原主要由众多的辫状河所组成,在气候较为潮湿的地区,可以发育河漫沼泽沉积。辫状河沉积物以河流体系的高河道化,发育牵引流沉积构造,更深、更持续的水流和很好的侧向连续性为特征。辫状河道充填物为宽厚比高的、宽平板状的砂岩带。底部冲刷面比较平缓,表现为低度的地形起伏。河道充填层序主要由砂砾岩所组成。辫状河道的沉积单元包括互层的横向沙坝或纵向沙坝或它们两者的透镜体,并掺夹有丰富的小到中等、从砂到泥充填的冲蚀槽。它详细的内部结构是复杂的,但多个沉积单元完整叠合起来就会产生广泛分布、均一组成的厚单元。

1. 分流河道

分流河道沉积以河道侧向迁移加积而形成的沉积物为主,亦见部分废弃河道充填沉积。河道砂岩岩性较粗,为杂色砾岩、含砾砂岩及中粗砂岩[图4-2(a)、(b)、(d)],成分和结构成熟度较低,波状交错层理[图4-2(d)]及冲刷面构造[图4-2(a)]较发育,偶见平行层理,大、中型板状层理和槽状交错层理。

废弃河道充填沉积,其沉积往往呈下凸上平的透镜状,岩层向两端收敛变薄、尖灭。充填沉积物从下向上粒度明显变细,往往从砾岩(河道滞留沉积)逐渐变为砂岩、粉砂岩和泥岩[图4-2(c)、(e)]。底部见起伏不大的冲刷面[图4-2(c)],向上层理规模从大、中型交错层理,平行层理到小型交错层理,顶部为水平层理[图4-2(e)],层内还可见到充填沉积过程中形成的滑塌构造及碳质薄层[图4-2(e)]。岩性及沉积构造特征反映了水道充填沉积过程中水动力逐渐减弱的过程。

2. 越岸沉积

越岸沉积受辫状河道的迁移摆动影响,其宽度变化较大。越岸沉积相主要包括决口扇、天然堤、分流间湾、泛滥平原、沼泽等亚相。在洪水期,水体漫越河道,在河道两侧形成一些积水洼地,其内部接受细粒物质的沉积,岩性为粉砂岩、泥岩(图4-3),但垂向上岩性不均一[图4-3(a)、(b)],发育小规模平行层理[图4-3(a)]。部分洪水期越岸形成的积水洼地可逐渐被植被覆盖,发展为沼泽环境,沉积碳质页岩,并形成具有一定开采价值的煤层。这种环境下形成的煤层厚度变化大,分布不稳定,多呈透镜状展布(或藕节状断续出现),且先期形成的煤层一般会受到河道迁移的破坏,使其分布更加不规则。间洪期水体较为稳定,湿地沼泽区域易形成大量生物化石[图4-3(c)]。

辫状河三角洲平原典型岩心综合柱状图见图4-4。

第 4 章 辫状河三角洲岩心特征

(a)
井位：南堡306X1
层位：Es^1
深度：4 233.07 m
分流河道
0 2 4 cm

描述：深灰色中粗砂岩，分选较差，可见冲刷面，冲刷面底层可见砾径约为0.8 cm的砾石。
特殊现象：冲刷面

(b)
井位：南堡306X1
层位：Es^1
深度：4 234.51 m
分流河道
0 2 4 cm

描述：整体为灰褐色中砂岩，孔隙较为发育，含有较大的油味，为油浸中砂岩。
特殊现象：油浸

(c)
井位：南堡306X1
层位：Es^1
深度：4 239.31 m
分流河道
0 2 4 cm

描述：上部为浅灰色中细砂岩，下段为深灰色泥岩，分界面发育冲刷面，可见一些撕裂状泥砾。
特殊现象：冲刷面、泥砾

(d)
井位：南堡306X1
层位：Es^1
深度：4 249.54 m
分流河道
0 2 4 cm

描述：整体为灰色中细砂岩，分选较好，磨圆差，泥质含量较低，可见深灰色小型交错层理。
特殊现象：小型交错层理

(e)
井位：南堡306X1
层位：Es^1
深度：4 225.28 m
分流河道
0 2 4 cm

描述：灰白色中砂岩含生物碎屑，含有大量碳质条带，碳质条带一般厚1～2 mm。
特殊现象：碳质条带

图 4-2 辫状河三角洲平原分流河道典型岩心图片

(a)
井位：南堡306X1
层位：Es^1
深度：4 242.92 m
泛滥平原
0 2 4 cm

描述：整体为灰白色砂岩，可见平行层理，其中可见层理中含有一些砾石。
特殊现象：平行层理含砾石

(b)
井位：南堡306X1
层位：Es^1
深度：4 247.37 m
决口扇
0 2 4 cm

描述：整体为灰黑色含砾细砂岩，由下至上含砾逐渐增多，显示为反旋回，砾径0.1～0.5 cm，分选差、磨圆差。
特殊现象：含砾细砂岩

(c)
井位：南堡306X1
层位：Es^1
深度：4 227.67 m
分流间湾
0 2 4 cm

描述：深灰色—灰黑色泥岩，含大量介壳类化石，直径1～3 mm。
特殊现象：介壳类化石

图 4-3 辫状河三角洲平原越岸沉积典型岩心图片

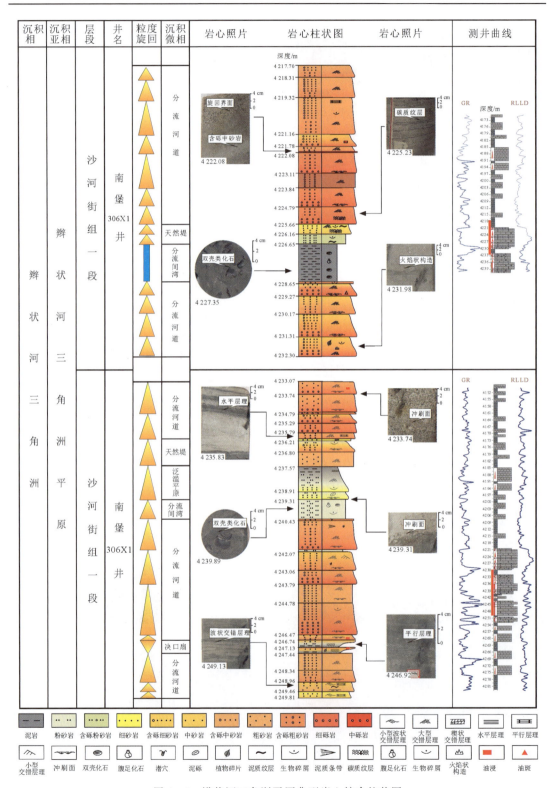

图 4-4 辫状河三角洲平原典型岩心综合柱状图

4.1.2 辫状河三角洲前缘

辫状河三角洲前缘与正常三角洲一样,常具有限定性的河口沙坝。它是由水下分流河道、水下分流间湾、河口坝及远沙坝组成,其中水下分流河道特别活跃,其沉积物在前缘亚相中往往占比较高,最高可达总量的90%以上。

1. 水下分流河道

水下分流河道是辫状河三角洲前缘沉积的主体,是平原亚相中辫状河道入海(湖)后在水下的延续部分,其沉积特征类似于辫状河道砂体,沉积物粒度较粗,由砂砾岩和中粗砂岩组成[图4-5(a)、(b)、(c)]。砂体总体呈正粒序旋回,分布稳定,有时内部由若干个下粗上细的砂岩透镜体相互叠置而成,单个透镜体从下向上常为细砾岩—含砾中、粗粒砂岩—中砂岩[图4-5(a)]。分支河道岩性较细,多中细砂岩向上过渡到泥质沉积[图4-5(i)、(l)、(m)],砂泥互层[图4-5(i)、(j)、(m)]现象多见。由于河道的频繁迁移,交错层理[图4-5(j)、(l)]极发育,为其主要的沉积构造类型。此外,冲刷面构造[图4-5(l)、(m)]、平行层理[图4-5(b)、(h)、(m)]亦常见。水动力较强时,多见撕裂泥砾[图4-5(d)、(f)、(g)、(k)]、滑塌构造[图4-5(e)、(h)]等。

(a)

井位:南堡1-7
层位:Ed^1
深度:2 676.17 m
水下分流河道

0 2 4 cm

描述:灰白色细砂岩,分选磨圆好,质纯,局部夹重砂层显示小型交错层理,不规则砾石1~2 cm,平行定向排列。
特殊现象:定向排列

(b)

井位:南堡2-15
层位:Ed^1
深度:2 943.70 m
水下分流河道

0 2 4 cm

描述:中砂岩,砂质纯,分选磨圆一般,局部含碳质碎屑条带,低角度交错层理。
特殊现象:碳质碎屑条带

(c)

井位:南堡2-15
层位:Ed^1
深度:2 947.71 m
水下分流河道

0 2 4 cm

描述:粗砂岩,底部含细砂岩团块和砂砾,上部砂质较纯,渐变过渡,整体为正旋回。
特殊现象:正旋回,含砾砂岩

(d)

井位：冀海1X1
层位：Ed^{3s}
深度：3 703.36 m
水下分流河道

0 2 4 cm

描述：深灰色细砂岩夹长条状撕裂泥砾，泥砾长轴约为5 cm，短轴约为1 cm。
特殊现象：撕裂泥砾

(e)

井位：冀海1X1
层位：Ed^{3s}
深度：3 701.22 m
水下分流河道

0 2 4 cm

描述：灰色细砂岩，夹深灰色泥岩条带，有小断层构造和重力滑塌构造。
特殊现象：滑塌构造

(f)
井位：南堡3-27
层位：Es^1
深度：4 390.32 m
水下分流河道

0 2 4 cm

描述：含泥砾粗砂岩—中砂岩，广泛发育撕裂泥质团块，砂岩分选磨圆差，整体为正旋回。
特殊现象：撕裂泥质团块

(g)

井位：南堡23-2704
层位：Ed^2
深度：3 178.06 m
水下分流河道

0 2 4 cm

描述：灰色砂岩中含长轴状泥砾，泥砾成撕裂状，泥砾分选较差，长轴一般为4~8 cm，短轴为0.3~1 cm。
特殊现象：泥砾

(h)
井位：冀海1X1
层位：Ed^{3s}
深度：3 701.86 m
水下分流河道

0 2 4 cm

描述：灰白色中砂岩，夹深灰色泥岩条带，有小断层构造和重力滑塌构造。
特殊现象：同沉积断层

(i)

井位：冀海1X1
层位：Ed^{3s}
深度：3 758.19 m
水下分流河道

0 2 4 cm

描述：灰白色细砂岩，中间夹有灰黑色泥岩，含有少量有机质、生物碎屑。
特殊现象：泥砾

(j)

井位：冀海1X1
层位：Ed^{3s}
深度：3 708.39 m
水下分流河道

0 2 4 cm

描述：灰白色中砂岩，夹深灰色泥岩条带，有小断层构造和重力滑塌构造。
特殊现象：同沉积断层、砂泥互层

(k)

井位：南堡23-2704
层位：Ed^2
深度：3 174.46 m
水下分流河道

描述：灰色砂岩中含团块状泥砾和撕裂状泥砾，泥砾分选较差，长轴一般为4~8 cm，短轴为0.3~6 cm。
特殊现象：泥质团块

(l)

井位：南堡23-2704
层位：Ed^2
深度：3 189.29 m
水下分流河道

描述：底部为灰色泥岩，上部为灰色粉砂岩，岩性分界面截然，可见泥砾，为水动力变强所导致的冲刷面。
特殊现象：冲刷面

(m)

井位：南堡1-68
层位：Es^1
深度：4 152.65 m
水下分流河道

描述：整体下部为灰黑色泥岩与灰色粉砂质泥岩互层，上部为较纯净灰白色细砂岩，发育波状层理，分界处出现重力滑塌。
特殊现象：波状层理，重力滑塌，冲刷面

图 4-5 辫状河三角洲前缘水下分流河道典型岩心图片

第 4 章 辫状河三角洲岩心特征

2. 水下天然堤

水下天然堤沉积是水下分流河道两侧所形成的,沿河道分布并高出河道两侧的砂体,常以中砂岩、细砂岩、粉砂岩及泥质沉积为主,反粒序旋回,多发育攀升层理(图 4-6)是其最重要的沉积特征。

井位:南堡1-68
层位:Ed^{3x}
深度:3 920.12 m
天然堤

描述:整体为灰色细砂岩,局部含少量泥质,发育攀升层理。
特殊现象:攀升层理

0 2 4 cm

图 4-6 辫状河三角洲前缘水下天然堤典型岩心图片

3. 水下分流间湾

水下分流间湾沉积是水下分流河道之间沉积的较细粒的沉积物质,沉积于水动力相对较弱的环境中。它的颜色较深,为灰色及灰绿色;岩性较细,常为粉砂岩[图 4-7(a)、(c)]与泥岩[图 4-7(b)],见水平层理[图 4-7(a)]和小型槽状交错层理,见植物碎屑[图 4-7(c)]。因水下分流河道改道特别活跃,迁移频繁,分流间湾沉积物往往遭到侵蚀破坏,平面上多以大小不等的透镜状形式出现。

(a)

井位:南堡3-27
层位:Es^1
深度:4 753.01 m
水下分流间湾

0 2 4 cm

描述:泥质粉砂岩与粉砂质泥岩互层,向上泥质含量增多,含油迹,局部见小型裂隙,整体正旋回。
特殊现象:含油迹粉砂质泥岩

(b)

井位:堡探3
层位:Ed^{3x}
深度:3 797.42 m
水下分流间湾

0 2 4 cm

描述:整体为灰黑色粉砂质泥岩,断面可见少量贝壳类化石碎屑,为典型的分流间湾沉积相成因。
特殊现象:灰黑色粉砂质泥岩

(c)

井位:南堡23-2704
层位:Ed^2
深度:3 174.46 m
水下分流间湾

0 2 4 cm

描述:灰色泥质粉砂岩层面中可见大量生物碎屑,碎屑零散地分布在其中,碎屑大小一般为0.5~3 cm。
特殊现象:生物碎屑

图 4-7 辫状河三角洲前缘水下分流间湾典型岩心图片

4. 河口坝

河口坝位于水下分流河道的末端及侧缘。岩性为中、细粒砂岩,局部为含砾砂岩,从下向上多显示由细变粗的反粒序旋回,受较强水动力作用,砂泥互层[图4-8(a)、(b)]现象较多,见平行层理[图4-8(b)]及中型交错层理[图4-8(a)]。由于辫状河三角洲水下分流河道迁移明显,加之受波浪和岸流作用的影响,河口沙坝常受到改造破坏,难以形成规模较大的前缘河口坝。

(a)

井位:南堡23-2704
层位:Ed^2
深度:3 184.23 m
河口坝

0 2 4 cm

描述:整体为砂泥互层,多个反旋回叠置,发育脉状层理、波状层理。
特殊现象:脉状层理、波状层理

(b)

井位:南堡23-2704
层位:Ed^2
深度:3 182.16 m
河口坝

0 2 4 cm

描述:底部为灰色细砂岩。向上变为灰褐色泥岩与砂岩互层,向上砂质含量增多,为反旋回,可见平行层理,层理段厚度约为4 cm。
特殊现象:平行层理

图4-8 辫状河三角洲前缘河口坝典型岩心图片

5. 远沙坝和席状砂

远沙坝和席状砂为辫状河三角洲前缘边部的末端沉积,由粉砂岩和泥质沉积组成,横向延伸远,分布范围广,但纵向上沉积厚度薄,内部见小沙纹交错层理(图4-9),往往同前三角洲泥质沉积物呈薄互层状频繁交互。受波浪和岸流作用的影响,远沙坝常受到改造破坏,形成分布广、成分和结构成熟度较高、泥砂互层的席状砂沉积。

辫状河三角洲前缘典型岩心综合柱状图见图4-10。

井位:堡探3
层位:Ed^{3x}
深度:3 798.05 m
远沙坝

描述:整体泥质含量较高,为灰黑色泥质粉砂岩夹泥质条带或纹层,由下至上泥质纹层逐渐减少显示为反旋回,其中可见波状交错层理。
特殊现象:波状交错层理

0 2 4 cm

图4-9 辫状河三角洲远沙坝和席状砂典型岩心图片

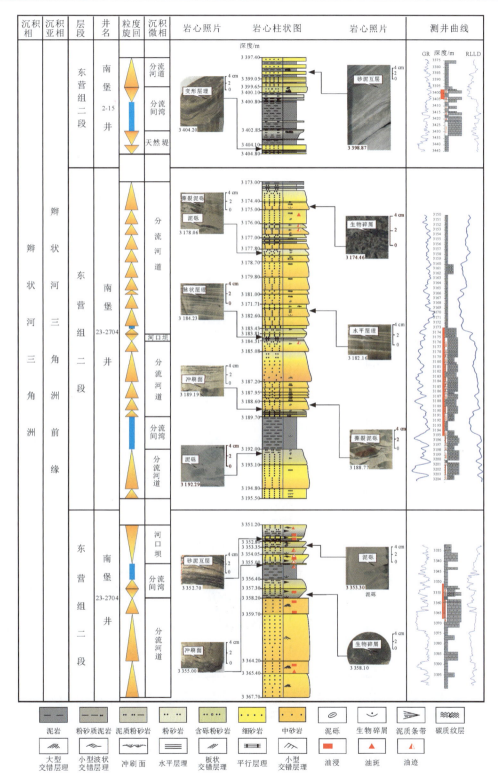

图 4-10 辫状河三角洲前缘典型岩心综合柱状图

4.1.3 前辫状河三角洲

前辫状河三角洲以泥质沉积物为主。由于辫状河三角洲前缘沉积物快速堆积,沉积物很不稳定,沉积物在重力作用下沿前缘斜坡向下运动,运动过程中会把前缘砂砾与前三角洲泥混合起来,形成厚度较薄的碎屑流沉积(图4-11),因此前辫状河三角洲难以与重力流、三角洲前缘末端的一些沉积区分。在实际生产中,前辫状河三角洲一般不作单独沉积亚相分析考虑。

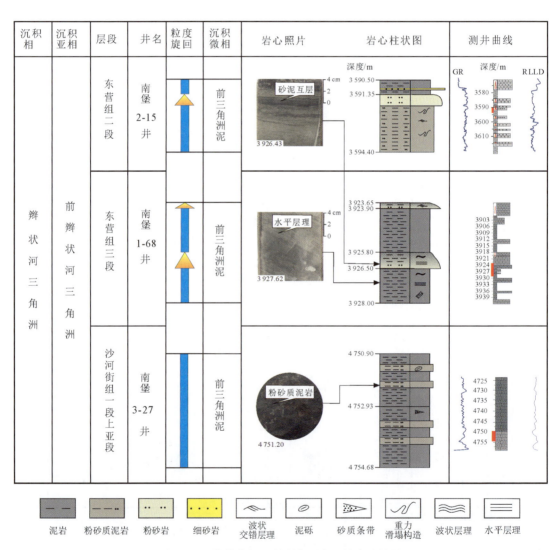

图4-11 前辫状河三角洲典型岩心综合柱状图

4.2 辫状河三角洲岩心沉积相的应用

综合南堡凹陷的岩心观察情况,发现辫状河三角洲发育于南堡凹陷南部。南堡凹陷南部地区为缓坡带,物源经过辫状河的远距离搬运,最终沿凹陷边缘沉积,形成辫状河三角洲。根据岩心观察结果,识别出了辫状河三角洲平原、辫状河三角洲前缘亚相及各岩心所对应的沉积微相,最终绘制出了南堡凹陷辫状河三角洲及沉积亚相的分布范围(图4-12)。

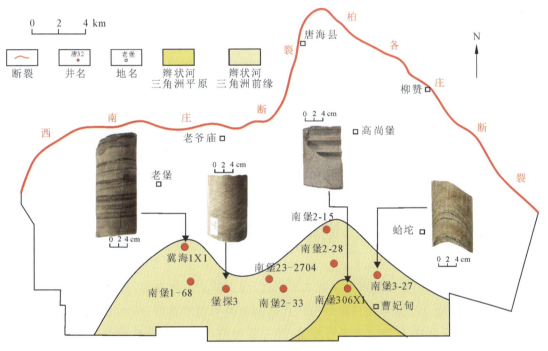

图4-12 基于岩心观察的南堡凹陷辫状河三角洲发育范围轮廓图

第5章 湖泊沉积体系岩心特征

湖泊是大陆上地形相对低洼和流水汇集的地区,也是沉积物堆积的重要场所。现代湖泊约占大陆面积的18%,它们拦截了由河流搬运而来的大量沉积物。湖泊的规模相差悬殊,最大可达数十万平方千米,小的则不到 1 km²,古代大型湖泊很少超过 25×10^4 km²。湖泊成因类型多种多样,其中,构造活动和气候变化是湖泊生成、发展的主要控制因素(殷杰等,2017)。

南堡凹陷作为中国东部渤海湾盆地的一个中新生代沉积的断陷湖盆,它的油气资源十分丰富。归纳起来,南堡凹陷的主要特点是:①陆相古生物发育,可见大量的生物化石和生物扰动现象;②基底断裂发育,均以张性断块出现;③盆地内广泛分布的基性岩浆岩;④多物源,岩相岩性变化大,沉积相呈环状或带状分布;⑤多层系、多种类型的油藏叠加连片(带)分布(朱筱敏,2008)。

5.1 湖泊相带划分与特点

湖泊类型虽多,但其亚相划分原则基本相同,即从湖泊整体着眼,根据沉积物在湖泊内的位置和湖水深度2个基本条件来划分。具体划分时采用浪基面、枯水面(平均低水面)和洪水面(平均高水面)3个界面来进行界定,即一般湖泊可被划分为半深湖—深湖、浅湖、滨湖3个亚相(区)。这3个界面既反映湖泊的亚相分布位置和湖水深度,也反映了水动力条件,生、储、盖的分布也与这3个界面密切相关(康建威和陈小炜,2007)(图5-1)。

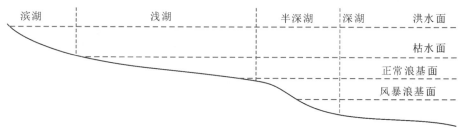

图 5-1 湖泊沉积分区示意图

1. 半深湖—深湖亚相

该相位于浪基面以下未受湖浪和湖流搅动的安静水区,为湖盆中水体最深部位,在断陷湖盆中偏于靠近边界断裂的断陷最深一侧,为缺氧的还原环境,底栖生物缺乏,浮游生物数量较多且保存完好,但种属单调且个体较小。

半深湖—深湖亚相岩性的总特征是粒度细,颜色深,有机质含量高。岩石类型以质纯的泥岩、页岩为主,并可发育灰岩、泥灰岩和油页岩(图5-2)。层理发育,主要为水平层理和细水平纹层,黄铁矿是常见的自生矿物,多呈分散状分布于黏土岩中。岩性横向分布稳定,沉积厚度大,是最有利的生油相带(图5-3)。

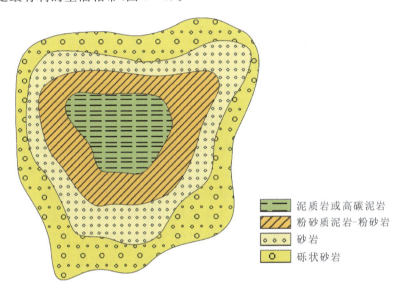

图5-2 碎屑湖泊沉积的理想模式(据Twenhofel,1932)

图5-3 南堡凹陷半深湖—深湖亚相典型岩心图片

深湖亚相剖面的自然电位曲线为靠近基线的平滑线。地震相外形为席状,内部结构为平行反射,顶底接触关系整合。当沉积物为泥岩夹粉砂岩薄层时,成层性较好,呈高频、中—强振幅和连续性好的强反射。若为成层性不好的巨厚块状泥岩,则呈低频、弱振幅、不连续的弱反射或无反射(图5-4)。

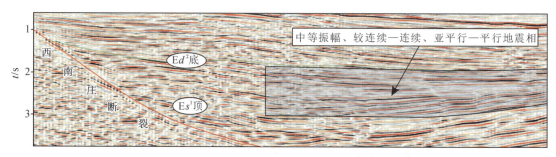

图5-4 半深湖—深湖地震典型反射剖面

2. 浅湖亚相

浅湖亚相指枯水期最低水位线至浪基面之间的地带,严格划分则指波浪和湖流所波及地带到枯水位附近波浪破碎带之间的地区。该相带位于深湖相带外围邻近湖岸,水浅但始终位于水下。波浪和湖流作用较强,水体循环良好。氧气充足,透光性好,各种生态的水生生物丰富。植物有各种藻类和水草,动物主要是淡水腹足类、双壳类、鱼类、昆虫类、节肢类等,它们常呈完好的形态出现在地层中。由浅灰色、灰绿色至绿灰色泥岩与砂岩组成的砂岩常具较高的结构成熟度,显平行层理、浪成沙纹层理和中—小型交错层理等多种层理。此外,还常见浪成波痕、垂直或倾斜的虫孔、水下收缩缝等沉积构造(图5-5)。

浅湖亚相的分布与湖泊面积、水深及湖岸地形有关。在工区的断陷湖泊中可见,湖盆缓坡一侧浅湖相带较宽,陡坡一侧则较窄,甚至缺失。有些深度很小的湖泊可全部位于浪基面以上,除了滨湖相带以外,几乎全属于浅湖相带。浅湖相带属弱氧化至弱还原环境,也具有一定的生油能力,但生油岩的质量和丰度远不及深湖相带。浅湖相带有多种砂体发育,如三角洲、扇三角洲、滩坝等,它们对油气的聚集非常有利。

3. 滨湖亚相

滨湖亚相位于洪水岸线与枯水岸线之间,即水深减小到波浪发生破碎形成激浪,冲流和退流对湖岸进行反复冲洗的地带。滨湖亚相的宽度取决于洪水位与枯水位的水位差和湖岸坡度。滨湖亚相带沉积类型非常复杂,主要沉积物有砾、砂、泥和泥炭。砂质沉积是滨湖相带中发育最广泛的沉积物,它们主要是在汛期被河流带到湖中,又被波浪和湖流搬运到滨湖带堆积下来的产物。由于经过河流的长距离搬运,又经过湖浪的反复冲刷,一般都具有较高的成熟度,分选、磨圆都比较好。沉积构造主要是各种类型的水流交错层理和波痕。滨湖砂质沉积中化石较稀少,可有植物碎屑、鱼的骨片、介壳碎屑等,有时可见双壳类介壳滩。在细砂及粉砂层中常见潜穴(图5-6)。

第5章 湖泊沉积体系岩心特征

井位：柳103X1
层位：Ed^3
深度：3 142.40 m
浅湖
0 2 4 cm

描述：整体为灰黑色泥岩，可见典型的植物茎干化石。
特殊现象：植物茎干化石

井位：NP306x1
层位：Es^1
深度：4 227.80 m
浅湖
0 2 4 cm

描述：整体为灰色泥岩，可见典型的动物模铸化石。
特殊现象：动物化石

井位：NP306x1
层位：Es^1
深度：4 227.67 m
浅湖
0 2 4 cm

描述：整体为灰黑色泥岩，可见典型的昆虫化石。
特殊现象：动物化石

井位：NP1-65
层位：Ed^{3x}
深度：4 199.90 m
浅湖
0 2 4 cm

描述：灰白色细砂岩和灰黑色泥岩互层，中部可见小型脉状交错层理。
特殊现象：砂泥互层

井位：NP1-68
层位：Ed^3
深度：3 927.62 m
浅湖
0 2 4 cm

描述：整体为青灰色细砂岩，含大量的泥质纹层，下部可见被方解石充填的虫孔，上部可见平行层理。
特殊现象：泥质纹层、平行层理

井位：NP403X9
层位：Ed^3
深度：4 117.31 m
浅湖
0 2 4 cm

描述：整体为灰黑色泥岩，可见典型的植物茎干化石。
特殊现象：植物茎干化石

图 5-5 南堡凹陷浅湖亚相典型岩心图片

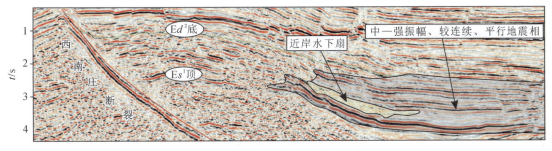

图 5-6 滨湖亚相典型地震剖面

泥质沉积和泥炭沉积物主要分布在平缓的背风湖岸和低洼的湿地沼泽地带，沉积为富含有机质的泥和泥炭层，其中常夹有薄的粉砂层。泥质层具水平层理，粉砂层具小型沙纹交错层理。有的湖泊泥炭沼泽极为发育，尤其是在湖泊演化的晚期阶段，整个湖泊可完全被沼泽化。滨湖亚相带处于周期性暴露环境，在枯水期由于许多地方出露在水面之上常形成许多泥裂、雨痕、脊椎动物的足迹等暴露构造（图5-7）。

滨—浅湖亚相以砂泥频繁互层为特色，砂泥分异较好，成层性明显，但岩性和厚度的侧向变化快，连续性较差，各处砂体发育状况不一样，因而测井曲线和地震相的特点变化也很大。一般来说，地震相的外形呈楔状，近岸带顶部有削蚀和顶超的表现，由连续性好—中等

井位：北35　　　　　　井位：北3　　　　　　　井位：NP23-27
层位：Es^1　　　　　层位：Ed^2　　　　　　层位：Ed^3
深度：4 199.90 m　　　深度：2 781.43 m　　　　深度：3 645.72 m
滨湖　　　　　　　　　滨湖　　　　　　　　　　滨湖
0 2 4 cm　　　　　　 0 2 4 cm　　　　　　　　0 2 4 cm

描述：整体为灰色泥质粉砂岩，　描述：整体为灰白色细砂岩，　描述：整体为灰黑色泥质粉砂岩，
可见典型的泥裂现象。　　　　可见大量的生物介壳化石。　　可见典型的植物叶片化石。
特殊现象：泥裂　　　　　　　特殊现象：介壳碎屑　　　　　特殊现象：叶片化石

图 5-7　南堡凹陷滨湖亚相典型岩心图片

振幅和中—弱振幅的发散同相轴组成,向斜坡近缘方向同相轴非系统性侧向终止(图 5-6)。向湖心方向频率增加,相位增多。在砂体不太发育的滨—浅湖地带,可能呈连续性较好的振幅中等、平坦但局部有波浪起伏的席状反射。砂体特别发育处表现为中—强振幅、低频、连续至断续、反射明显、零星至无反射等不同现象,视砂体类型和规模而定。

5.2　湖泊沉积模式及垂向沉积序列

在湖泊的不同演化阶段,随构造、地形、物源及气候等条件的变化,湖泊相的结构亦随之变化。即使处于同一演化阶段的不同类型湖泊,由于湖盆大小、湖水深浅、湖底与湖岸坡度等的不同,沉积相的结构特征和相间的关系亦有明显的差异。因此,对于湖泊中充填的沉积物来说,它的垂向层序和相组合形式变化较大(姜在兴,2003)。

湖泊是大陆上流水汇集的地带,故在平面上它总是与河流相沉积共生,并为河流沉积所包围(图 5-8)。南堡凹陷南部断陷湖盆缓坡一侧,从陆上至湖盆,地形较平缓,河流、辫状河三角洲较发育,滨湖和浅湖沉积相带较窄,在三角洲前缘深湖方向还可能形成深水浊积扇,从而构成辫状河三角洲-深水浊积扇沉积体系。北部由于边界断裂活动性较强,且物源供给充足,因此常发育有扇三角洲平原和前缘相,在扇三角洲前缘的前端往往还发育近岸水下扇和水下浊积扇,因此构成扇三角洲-近岸水下扇-水下浊积扇沉积体系。

湖泊沉积物垂向沉积序列复杂多变,主要受地壳升降运动、气候变化或相对湖平面变化的控制,形成单旋回和多旋回的沉积序列(图 5-9)。从发育历史来看,能保存地史记录的湖相沉积多半是在构造盆地的背景上发育起来的。然而,任何湖泊不论发育的背景如何,它们发展的总趋势在多数情况下都是以退缩、充填而告终。因此,湖泊相的垂向组合,往往是以较深湖或深湖亚相开始,向上递变为滨湖和河流相沉积,构成下细上粗的反旋回垂向层序(朱筱敏,2008)。

第5章 湖泊沉积体系岩心特征

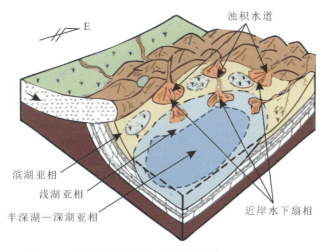

图 5-8 断陷湖盆湖相沉积相模式图（据姜在兴，2003）

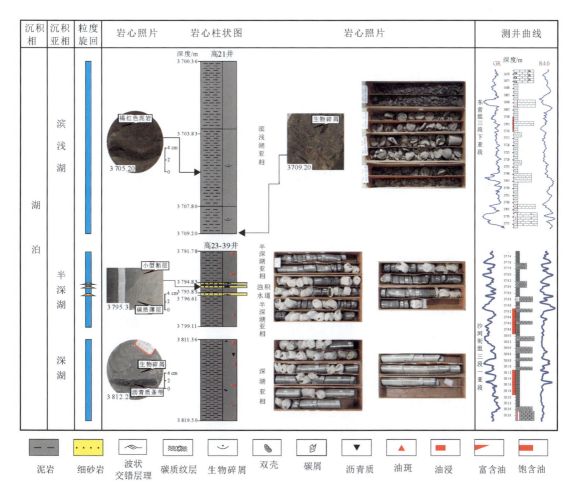

图 5-9 南堡凹陷湖泊相典型岩心综合柱状图

第6章 重力流沉积及沉积相

重力流沉积是指泥、砂、砾混杂的,重力驱动的,悬浮搬运的高密度底流。重力流沉积物的成因多种多样,既可以来自海底峡谷长轴向岸方向,又可以是进积三角洲前缘沉积物向前滑塌而成。平面形态可为扇形或长条状,形成的重力流沉积物可由砂砾岩组成,也可以泥岩沉积为主(朱筱敏,2008)。

研究区周围的沙垒田、柏各庄等凸起是重力流沉积重要的物质来源,三角洲前缘砂体及未固结的沉积物是重力流的直接物质来源,古近纪活跃的火山运动和断裂活动为重力流启动提供了动力,自然滑塌也是重力流形成的常见原因(刘建平等,2016;操应长等,2017)。1号、4号构造坡度较大的斜坡为重力流运动和发生沉积提供了有利条件,沙河街组三段、沙河街组一段和东营组二段较大的水深为重力流沉积物的形成保存提供了适宜的环境(陈秀艳等,2010)。

6.1 重力流沉积形成的基本条件和类型

1. 形成条件

沉积物重力流是阵发性、短暂性快速沉积的,含大量悬浮物质的高密度流体,颗粒依赖于杂基支撑,呈整体块状运动并对斜坡或峡谷产生侵蚀作用(张立柱等,2004)。它们可以发生在陆上,也可发生在水下。形成沉积物重力流,一般需具备诸如构造背景、物源供给、沉积水深和地形坡度等方面的条件(图6-1)。

2. 基本类型

依据沉积物支撑机理将沉积物重力流划分为泥石流(碎屑流)、颗粒流、液化沉积物流和浊流4种类型(姜在兴,2003)。它们是统一机制下的连续统一体,是沉积物重力流不同阶段的演化产物,并且具有不同的沉积特征(表6-1)。

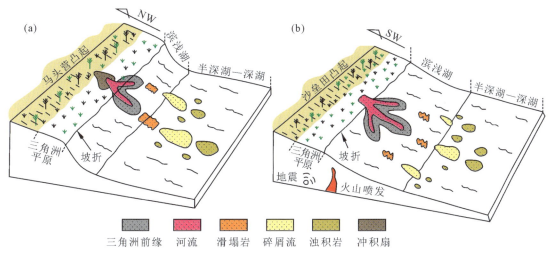

图 6-1 重力流的来源、搬运和沉积的示意图(据 Reading,1985)

表 6-1 根据力学性质划分的块体搬运类型(据 Nardin 等,1979)

块体搬运作用			力学性质	沉积物搬运和支撑机理	沉积物构成
岩崩			弹性	沿较陡的斜坡以单个碎屑自由崩落为主,滚动次之	颗粒支撑的砾石,无组构在开放网络中杂基含量不等
滑坡	滑动		塑性界线	沿不连续剪切面崩塌,内部很少发生变形或转动	层理基本上连续未变形,可在趾部和底部发生某些塑性变形
	滑塌			沿不连续剪切面崩塌,伴有转动,很少发生内部形变	具有流动构造,如褶皱、张断裂、擦痕、构模、旋转岩块
沉积物重力流	块体流	碎屑流	塑性	剪切作用分布在整个沉积物块体中,杂基支撑强度主要来自黏附力,次为浮力,非黏滞性沉积物由分散压力支撑,流动高浓度时呈惯性,低浓度时呈黏性。一般发育处坡度较陡	杂基支撑,随机组构,碎屑的粒度变化大,杂基含量不等,可有反向粒级递变,流动构造、撕裂构造
		颗粒流 惯性 黏性			块状,长轴平行流向并有叠覆构造,近底部具有反向递变层理
	流体流	液化流	流体界线	松散的构造格架被破坏,变为紧密格架,流体向上运动,支撑非黏性沉积物,坡度大于 3°	泄水构造,砂岩脉,火焰状-重荷模构造、包卷层理等
		流化流	黏性	孔隙流体逸出支撑非黏性沉积物,厚度薄(<10 cm),持续时间短	
		浊流		由湍流支撑	鲍马序列等

6.2 浊流沉积相模式

1. 概念

浊流是水、泥、砂等近于均匀混合，并由湍流支撑的水体底部的浑浊流(刘宪斌等，2003；饶孟余等，2004)。在浊流沉积物中，支撑颗粒的主要因素有水流的紊动、水与细粒沉积物混合产生的浮力、粒间绕流、颗粒碰撞产生的分散力等(李祯和温显端，1995；周庆凡，1994)。浊流沉积具有典型的沉积构造和沉积序列，即由5个层段组成的反映水流特点和岩性、构造变化的鲍马序列(姜在兴，2003)。

通过对多口取心井所得岩心的观察可知，上述的4种重力流类型或多或少都有发育，但以浊流端元类型最为常见，在区内沙河街组三段上亚段、沙河街组一段及东营组等古近纪地层中广泛发育具有正递变层理的砂岩，同时区内浊积岩岩层多期发育、相互叠置现象明显，说明研究区浊流沉积作用频繁发育。

经典浊积岩是指沉积物粒度较细(常为砂级)、具有不同段数的鲍马层序或序列的浊积岩(Bouma，1962)。一个完整的鲍马层序是一次浊流事件的记录，由5个段组成(图6-2)，自下而上出现的顺序如下。

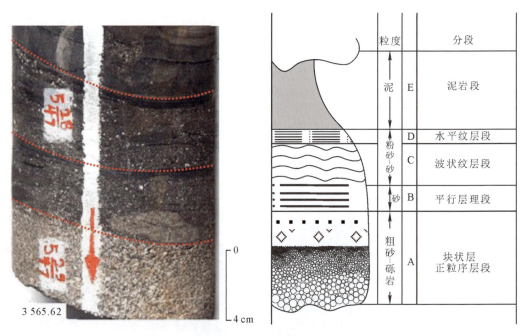

图6-2 典型鲍马序列示意图(据姜在兴，2003)

A段——底部递变层段：主要由砂岩组成，近底部可含砾石。粒度下粗上细，递变层理清楚。一般为正递变层理，反映浊流能量逐渐减弱的沉积过程。砂岩底面上常有冲刷-充填构造和多种印模构造，如槽模、沟模等。A段沉积厚度多为几厘米到几十厘米，较鲍马层序其他段厚度大，代表高流态的递变悬浮沉积的产物。

B段——下平行纹层段：B段沉积厚度多为几厘米到几十厘米，与A段为渐变接触关系，比A段沉积物细，多为细砂和中砂，含泥质，具平行层理，粒度递变层理不太明显。平行层理除由粒度变化显现外，更多的是由片状碳屑和长形碎屑定向分布所致，沿层面揭开时可见剥离线理。

C段——流水波纹层段：以粉砂为主，可见细砂和泥质，呈小型流水型波纹层理和上攀波状层理，常出现包卷层理、泥岩撕裂屑和滑塌变形层理，这表明流水改造和重力滑动的复合作用。C段与B段、D段是连续过渡沉积的。C段若与下伏沉积单元呈突变接触，则其间可有冲刷面，并有多种小型底面印模构造。

D段——上平行纹层段：该段由泥质粉砂和粉砂质泥组成，沉积厚度不大（多为几厘米），具断续水平纹层。D段若叠于C段之上，两者为连续过渡沉积。但若单独出现，则与下伏泥质沉积单元之间为清楚的岩性界面。

E段——深水泥岩段：为深水沉积的页岩或泥灰岩、生物灰岩层，含深水浮游化石或其他有机质，具微细水平层理或块状层理，与上覆层为渐变接触，沉积厚度取决于浊流发生的频率和强度。

由于受到浊流的频率和强度的影响以及再一次浊流的侵蚀冲刷，浊积岩鲍马层序的完善程度就受到破坏，结果就形成了缺失某些层段的多种层序，如ABCD、BCDE、ACE、DE以及AB、BC、CD等各种层序（图6-2）。

2. 浊流沉积相及其典型特征

浊流沉积相总体具有如下基本特征：①可含浅水化石、植物屑的陆源碎屑沉积，与深水页岩组成韵律层，无浅水沉积构造，如大型交错层理、浪成波痕、泥裂等；②垂向序列中鲍马序列不一定完整，递变层理为最主要特点；③粒度资料显示悬浮和递变悬浮搬运沉积特点；④有滑动-滑塌及沉积物液化的证据——包卷层理、滑塌构造和重荷模；⑤有高密度流动的侵蚀痕——底面印模构造（沟槽、槽模等）；⑥泥岩沉积颜色深，反映深水缺氧沉积环境；⑦砂岩沉积单层厚度薄（甚至只几厘米），但在大面积上分布稳定。

1）近岸水下扇

由于坡度陡，受湖水位下降或基底断陷活动以及洪水流冲蚀作用的诱发，近岸水下扇沉积物堆积不稳，易发生滑塌，在前端向湖内形成浊积扇。近岸水下扇由近源至远源可细分为扇根、扇中和扇端。岩性上由细—粗粒砂岩、含砾砂岩组成，底部见冲刷，含大量砂岩、泥岩碎块，具滑塌构造、变形层理、递变层理，测井曲线呈低幅参差尖齿状（图6-3）。

（1）内扇。内扇主要发育一条或几条主要水道，沉积物为水道充填沉积，天然堤及漫滩沉积。它主要由杂基支撑的砾岩、碎屑支撑的砾岩和砂砾岩夹暗色泥岩组成（图6-4）。杂基支撑的砾岩常具漂砾结构，砾石排列杂乱，甚至直立，不显层理，顶底突变或底部具冲刷构造，并常见到大的碎屑压入下伏泥或凸于上覆层中，一般认为形成于碎屑流沉积。

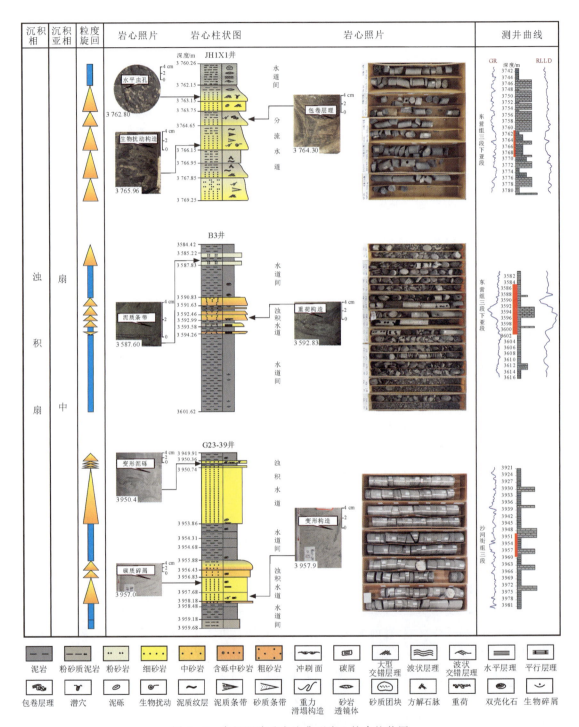

图 6-3 南堡凹陷重力流典型岩心综合柱状图

第6章 重力流沉积及沉积相

近岸水下扇　　　　　　　　　近岸水下扇　　　　　　　　　近岸水下扇

井位：NP403x9　　　　　　　井位：NP2-15　　　　　　　　井位：庙14x2
层位：Ed^3　　　　　　　　　层位：Ed^2　　　　　　　　　层位：Ed^3
深度：4 199.50 m　　　　　　深度：2 947.95 m　　　　　　深度：3 954.18 m
内扇　　　　　　　　　　　　内扇　　　　　　　　　　　　内扇
0　2　4 cm　　　　　　　　　0　2　4 cm　　　　　　　　　0　2　4 cm

描述：底部含砾粗砂岩向上过　　描述：底部棕灰色含砾粗砂岩　　描述：底部灰色含砾粗砂岩
渡到粗砂岩，其中上部可见厚　　向上过渡到灰白色中砂岩。　　　向上过渡到灰白色粗砂岩。
约3 cm的泥质条带。　　　　　　特殊现象：滞留沉积　　　　　　特殊现象：冲刷构造
特殊现象：滞留沉积

图6-4　南堡凹陷近岸水下扇内扇典型岩心图片

(2)中扇。中扇为辫状河水道区，是扇的主体。由于辫状河水道缺乏天然堤，水道宽且浅，很容易迁移。水道的迁移常将水道间地区的泥质沉积冲刷掉，因而垂向剖面上为许多砂砾岩层直接叠覆，形成多层楼式叠合砂砾岩岩体(图6-5)。水道浊积岩以砂质高密度浊流层序为主，水道化不明显的浊积砂层顶部可出现低密度浊流沉积序列。

井位：G43-21　　　　　　　　井位：NP2-33　　　　　　　　井位：NP306x1
层位：Es^2　　　　　　　　　层位：Ed^2　　　　　　　　　层位：Es^1
深度：2 884.53 m　　　　　　深度：3 167.63 m　　　　　　深度：4 242.16 m
中扇　　　　　　　　　　　　中扇　　　　　　　　　　　　中扇
0　2　4cm　　　　　　　　　0　2　4cm　　　　　　　　　0　2　4cm

描述：整体为灰白色细砂岩，　　描述：整体为灰白色细砂岩，　　描述：整体为青灰色中砂岩，
夹青灰色泥质条带。　　　　　　夹青色泥质条带，上部可见生　　夹白色含砾粗砂岩条带。
特殊现象：泥质条带　　　　　　物潜穴。　　　　　　　　　　特殊现象：漂砾
　　　　　　　　　　　　　　特殊现象：生物潜穴

图6-5　南堡凹陷近岸水下扇中扇典型岩心图片

(3)外扇。外扇为深灰色泥岩夹中—薄层砂岩，砂层可显平行层理、水流沙纹层理，以低密度浊流沉积序列为主，有时可出现砾状砂岩段(图6-6)。自然电位曲线多为齿状。

2)水下浊积扇

水下浊积扇体系主要形成于浅水或深水湖泊环境的扇形浊积体，包括滑塌体、湖底扇、浊积水道和水道间砂体。南堡凹陷水下浊流体系主要发育在远离边界断裂的林雀次凹、柳

井位：柳103x1
层位：Es^2
深度：3 265.12 m
外扇

井位：花107-45x
层位：El^1
深度：3 200.6 m
外扇

井位：NP306x1
层位：Es^1
深度：4 236.8 m
外扇

描述：整体为灰黑色粉砂质泥岩，夹灰白色细砂岩条带，可见生物扰动构造。
特殊现象：砂岩条带、生物扰动

描述：整体为深黑色泥岩，上部夹厚度约4 cm的粗砂岩条带。
特殊现象：砂岩条带

描述：整体为灰黑色粉砂质泥岩，夹灰白色细砂岩条带。
特殊现象：砂岩条带、生物扰动

图6-6 南堡凹陷近岸水下扇外扇典型岩心图片

南次凹和曹妃甸次凹中，其中同生断裂活动和扇三角洲的分布对水下浊流体系的发育起着至关重要的作用。该相沉积构造十分丰富，可见平行层理、递变层理和波状交错层理，有的含撕裂状泥砾、鲍马序列等。

(1)滑塌体。滑塌体是形成于断陷湖盆缓坡带三角洲前缘的浅水重力流砂体，往往是由扇三角洲前缘水下分流河道在坡度突然变陡或断裂活动触发重力流而形成的。该相发育有大型的滑塌构造(图6-7)和变形构造。

井位：花107-45X
层位：El^1
深度：3 008.75 m
滑塌体

井位：NP23-2704
层位：Ed^3
深度：3 188.77 m
滑塌体

井位：G21
层位：Ed^3
深度：3 919.02 m
滑塌体

描述：下部灰白色粗砂岩，底部可见明显的滑塌构造，上部为黑色泥岩。
特殊现象：滑塌构造

描述：整体为灰白色细砂岩，含大量撕裂状泥砾。
特殊现象：撕裂泥砾

描述：整体为灰黑色中砂岩，上部可见明显的包卷构造。
特殊现象：包卷构造

图6-7 南堡凹陷水下浊积扇滑塌体典型岩心图片

(2)浊积水道。重力流浊积水道砂体是在平面上呈不均一的带状，在剖面上呈透镜状分布的砂砾岩体，具有重力流沉积的特征，常发育有冲刷构造(图6-8)和滞留沉积。

井位：NP1-65
层位：Ed³
深度：4 199.90 m
浊积水道

井位：南堡306x1
层位：Es¹
深度：4 247.37 m
浊积水道

井位：花107-45x
层位：El¹
深度：3 069.51 m
浊积水道

描述：底部为灰黑色含砾粗砂岩向上过渡到灰色中砂岩。
特殊现象：冲刷构造

描述：底部为灰黑色含砾粗砂岩向上过渡到黑色细砂岩。
特殊现象：冲刷构造

描述：底部为灰黑色含砾粗砂岩向上过渡到灰色中砂岩。
特殊现象：正粒序

图 6-8　南堡凹陷水下浊积扇浊积水道典型岩心图片

(3) 水道间。该相常分布于相邻浊积水道中间沉积的部位，沉积物粒度整体偏细，常见较好的递变层理，有时可见动植物化石等（图6-9）。

井位：NP306X1
层位：Es¹
深度：4 230.76 m
水道间

井位：花107-45x
层位：El¹
深度：3 003.65 m
水道间

井位：花107-45
层位：El¹
深度：3 064.21 m
水道间

描述：底部灰色中砂岩向上过渡到灰白色细砂岩，最后过渡到灰黑色泥质粉砂岩。
特殊现象：递变层理

描述：底部灰白色中砂岩向上过渡到灰白色细砂岩，最后过渡到灰黑色泥质粉砂岩。
特殊现象：递变层理

描述：底部灰色中砂岩向上过渡到灰白色细砂岩，最后过渡到灰黑色泥质粉砂岩。
特殊现象：递变层理

图 6-9　南堡凹陷水下浊积扇水道间典型岩心图片

3. 南堡凹陷浊流沉积相模式

研究区浊流沉积相主要发育在杜林地区以及西南庄断裂带下降盘东段。以西南庄断裂、高柳断裂、庙高断裂为界，西南方向与老爷庙背斜东翼相接的菱形区域，构造整体呈现为由四周向中间倾没的向斜（图6-10）。由于西南庄边界断裂东段倾角大、坡度陡，来自凸起的物源规模小，而断裂下降盘水体深、可容纳空间大、物源供给不足，垂向上东营组层序内自下而上发育近岸水下扇-浊积扇沉积（图6-11），平面上成裙带状分布于西南庄断裂带下降盘。

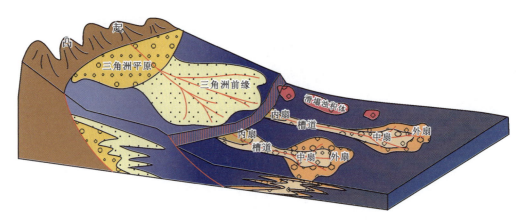

图6-10 浊流沉积模式图(据姜在兴,2003)

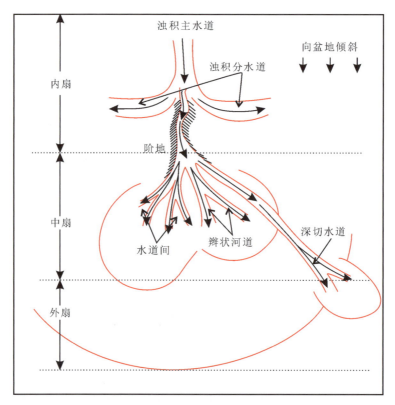

图6-11 近岸水下扇相模式图(据Walker,1978)

第7章　沉积相综合分析实例

7.1　沉积相综合分析方法

沉积相的研究和编图是以"点、线、面、体、时"综合分析的思路开展工作的(图7-1)。

(1)点：综合利用研究区钻井及邻区其他钻井资料的岩性、古生物、测井和录井等资料，进行重点井重要层段的单井沉积相、层序地层学研究，为测井相、地震相向沉积相的转化奠定基础。"点"是指研究的"落脚点"，在研究工作后期，开展烃源岩分布特征研究。

(2)线：通过钻井分析与在地震相或地震属性与反演剖面等进行相互验证，尽量使用有钻井约束的剖面进行关键性界面的识别，并通过井震结合的方式识别各层段的沉积相(含微相、亚相)类型及其横向和纵向展布。

(3)面：针对研究区的不同层段开展平面沉积相的分布及其演化的研究，并重点针对目标地质体进行精细刻画，勾绘沉积(微)相平面分布图。

(4)体：总结盆地沉积相类型及空间几何形态、分布范围及其在空间上的叠置关系。与构造古地貌相结合，解剖目标层位各个沉积相在三维空间上的展布关系，建立三维空间的沉积相成因模式。

(5)时：综合以上分析，开展盆地沉积充填过程分析和构造作用时空匹配关系的研究，探讨沉积体系的时空演化。

本书中应用"点、线、面、体、时"的研究思路，主要体现在南堡凹陷古近系相同地区不同演化阶段的构造要素控制下具有响应关系的层序构成样式的动态演化关系序列；相同演化阶段、不同构造背景下层序构成样式侧向动态演化关系序列分析，并动态地构建具有地域特色、宏观构造背景控制下的南堡凹陷古近系综合的沉积充填模式，体现层序时空配制关系、沉积相组合样式及其动态演化过程。本书将以南堡凹陷5号构造带为例详细介绍沉积相研究的方法与流程。

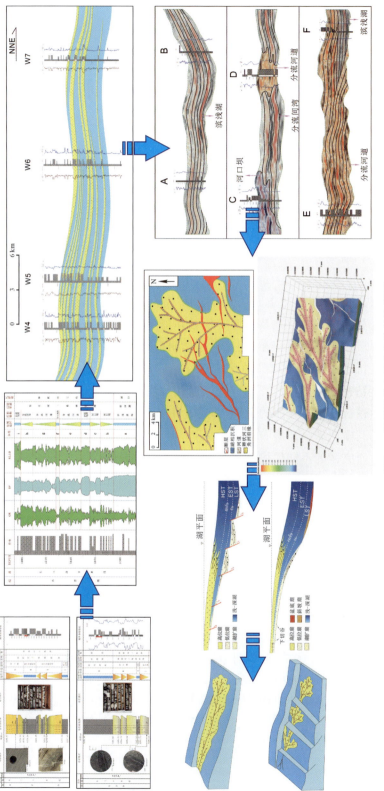

图7-1 沉积相综合研究思路及流程图

7.2 沉积相的类型识别

7.2.1 岩石学标志

岩石学是识别沉积相类型的良好标志,纵向上它可以完整地反映沉积环境,推断环境的演变规律(吴崇筠,1981;Haile et al.,2018)。本区沙河街组一段总体形成于湖水较浅、构造较平静的沉积环境之中,主要岩石类型为含砾砂岩、中砂岩、细砂岩、粉砂岩和泥岩。

(1)含砾砂岩:研究区含砾砂岩颜色呈灰色或灰白色,砾石次棱角—次圆,成分成熟度与结构成熟度均较低[图7-2(g)]。含砾砂岩中砾石成分主要有两种,一种含砾砂岩中富含泥砾或呈撕裂状泥质,这种现象一般出现在河道底部,另一种含砾砂岩中砾石则主要为内碎屑岩,含砾砂岩的这类特性可推断沉积时期应为浅水或者氧化环境。

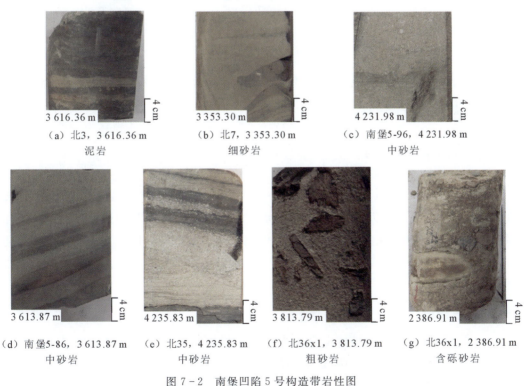

(a) 北3,3 616.36 m 泥岩　(b) 北7,3 353.30 m 细砂岩　(c) 南堡5-96,4 231.98 m 中砂岩

(d) 南堡5-86,3 613.87 m 中砂岩　(e) 北35,4 235.83 m 中砂岩　(f) 北36x1,3 813.79 m 粗砂岩　(g) 北36x1,2 386.91 m 含砾砂岩

图7-2 南堡凹陷5号构造带岩性图

(2)砂岩:研究区砂岩主要为中、细砂岩和粉砂岩,颜色呈灰色或灰白色,中砂岩可观察有冲刷构造,主要为板状交错层理、块状构造,部分可见平行层理,细砂岩中常含泥砾和植物

茎干化石,有时可见碳质纹层[图 7-2(b)—(f)]。粉砂岩常与泥岩互层。砂岩类型主要为岩屑长石砂岩和长石岩屑砂岩,整体成熟度比较低,可推断物源没有经过较长距离的搬运(图 7-3)。

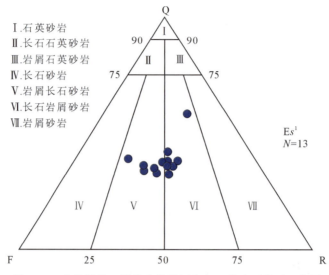

图 7-3　南堡凹陷 5 号构造带沙河街组一段岩石类型三角图

(3)泥岩:研究区分布广泛,颜色见灰色、黑色等,泥岩中常夹有薄层粉砂岩或细砂岩,多见水平层理[图 7-2(a)]。

7.2.2　沉积构造

沉积构造是沉积岩形成过程中沉积物在物理、化学及生物作用的影响下在沉积岩表面或内部产生的构造,它可以反映沉积过程的水动力和能量大小,沉积构造比较稳定并具有较好的指向性,对研究区沉积环境的确定以及沉积相、沉积微相的划分具有深刻的意义(吴崇筠,1992;Schlager,2000)。结合岩心观察可见南堡凹陷 5 号构造带的沉积构造类型有如下几种。

1. 层理构造

(1)水平层理。南堡 5 号构造带水平层理主要见于深灰色和灰黑色泥岩中[图 7-4(a)—(b)],厚度只有几毫米,沉积微相分布在半深湖—深湖泥微相和分流间湾微相,反映了该沉积微相较低的水动力条件。

(2)平行层理。平行层理在 5 号构造带研究区多出现在砂岩当中[图 7-4(c)],纹层厚度可达几厘米,层理之间界面不清晰。沉积微相主要分布于分流河道与水下分流河道中,代表分流河道较强的水动力环境。

(3) 波状层理。研究区的波状层理一般出现在细砂岩中[图7-4(d)]，纹层厚度可达几厘米，主要位于河口沙坝沉积微相中，代表着河口坝动荡的水动力条件。

(4) 交错层理。研究区主要发育楔状交错层理[图7-4(e)]，即纹层组界面与层系界面斜交，该层理主要分布在水下分流河道和河口坝沉积微相中，代表着动荡的水动力条件。

(5) 递变层理。研究区递变层理在河道沉积、河口坝及远沙坝沉积微相中均有出现。图7-4(f)为河口坝反粒序递变层理，由底部的细砂岩逐渐向上过渡为中砂岩、粗砂岩，反映了河口坝逐渐变强的水动力条件。

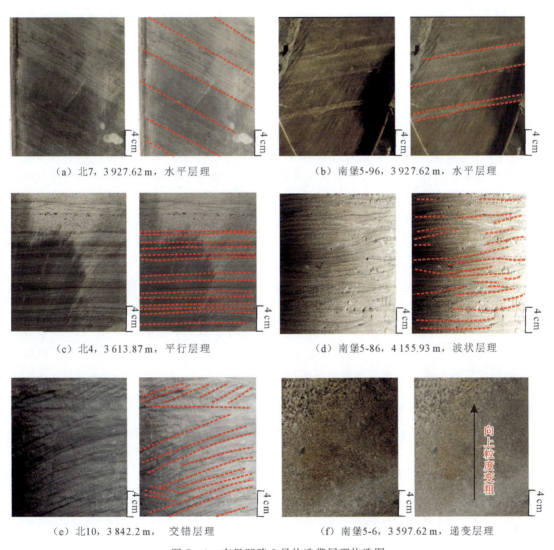

图7-4 南堡凹陷5号构造带层理构造图

2. 层面构造

层面构造是指保留在层表面或底面上的各种沉积构造。本研究区主要发育冲刷面构造

（图 7-5）。研究区冲刷面常见，存在于分流河道和水下分流河道沉积微相中。

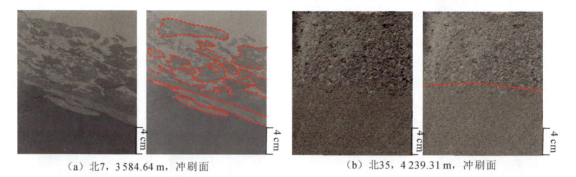

(a) 北7，3 584.64 m，冲刷面　　　　(b) 北35，4 239.31 m，冲刷面

图 7-5　南堡凹陷 5 号构造带层面构造图

3. 同生沉积构造

（1）重荷和火焰状构造。如图 7-6(a)所示，可观察到泥岩向上凸出形成的不规则瘤状或丘状凸起即为火焰状构造，由于上覆砂岩受重力载荷影响陷入泥岩形成，常出现在分流河道沉积相，可以指示河道的迁移过程。

（2）撕裂状泥砾。如图 7-6(b)所示，可观察到塑性泥岩呈撕裂状分布在砂岩之中，主要由于砂岩的负载挤压，或由于牵引流、重力流等搅动作用而形成，代表着非常动荡的水体环境，常出现在河道沉积或浊积岩沉积。

（3）砂球构造。如图 7-6(c)所示，可观察到被泥岩包裹的砂状椭球体即为砂球构造，类似重荷构造，指示河道沉积相的迁移过程。

（4）滑塌变形构造。如图 7-6(d)所示，可观察到很多发生变形的砂岩、泥岩条带或团块，接触面较为杂乱。滑塌变形构造主要是在重力作用下发生的各种位移形变而形成的构造。滑塌变形构造在本研究区浊积扇沉积相中比较普遍。

4. 生物扰动构造

生物扰动构造是由于生物的生命活动在沉积物的内部或表面保留下来的各种痕迹。在南堡凹陷 5 号构造带主要见生物孔洞构造，可指示较为平静的水体环境，生物可在此频繁活动，主要分布在分流间湾和远沙坝沉积相（图 7-7）。

7.2.3　测井相标志

沉积物在沉积环境的影响下会显示一系列特定的配置组合，测井相作为研究沉积相的主要标志之一，表征沉积物特征，是沉积环境解释的媒介。测井曲线的幅度、形态、顶底接触关系等会随环境变化而变化，我们可以通过这些变化推断沉积环境的特征，所以测井相标志研究是划分沉积相的有效手段。

第 7 章 沉积相综合分析实例

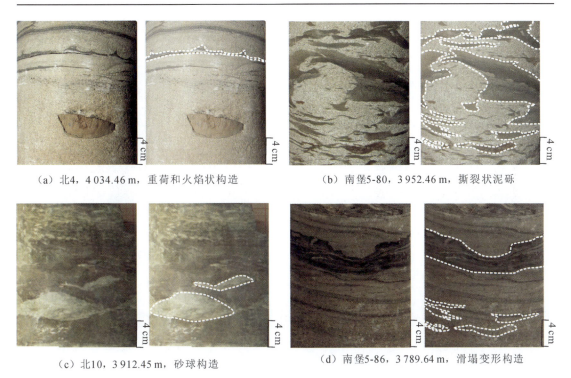

(a) 北4，4 034.46 m，重荷和火焰状构造　　(b) 南堡5-80，3 952.46 m，撕裂状泥砾

(c) 北10，3 912.45 m，砂球构造　　(d) 南堡5-86，3 789.64 m，滑塌变形构造

图 7-6　南堡凹陷 5 号构造带同生沉积构造图

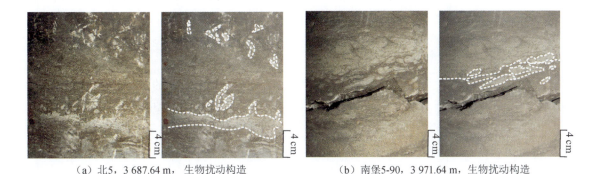

(a) 北5，3 687.64 m，生物扰动构造　　(b) 南堡5-90，3 971.64 m，生物扰动构造

图 7-7　南堡凹陷 5 号构造带生物扰动构造图

研究区主要采取的测井曲线为自然电位曲线(SP)和自然伽马曲线(GR)，但也会选择电阻率曲线(RT)与声波时差曲线(AC)作辅助综合研究，同时根据取心资料进行对比分析，从而使研究结果具有准确性，综合上述研究认为南堡凹陷 5 号构造带沙河街组一段的主要沉积微相类型的测井曲线特征如下。

扇三角洲根部分流河道：在本研究区扇三角洲根部分流河道沉积微相的主要测井曲线为箱形曲线。如图 7-8(a)北 35 井箱形曲线所示，箱形曲线代表了稳定的沉积层，表征一段时间稳定的物源供给与水动力条件，顶底砂岩与泥岩的分界面都是突变形式，代表了环境的突变，箱形曲线内部齿状代表着沉积过程中环境的微变化。

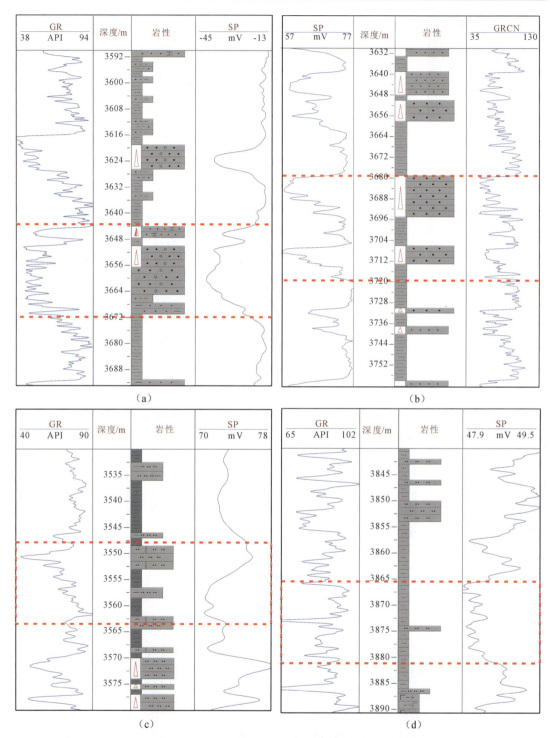

图 7-8 南堡凹陷 5 号构造带典型测井相特征

(a)北 35 井,扇三角洲根部分流河道,箱形;(b)北 35x1 井,扇三角洲水下分流河道,钟形;(c)南堡 5-81 井,扇三角洲前缘河口坝和远沙坝,漏斗形;(d)南堡 5-96 井,扇三角洲前缘水道间湾,指形

扇三角洲前缘水下分流河道：在本研究区扇三角洲前缘水下分流河道沉积微相的主要测井曲线为钟形曲线。如图7-8(b)北35x1井钟形曲线所示，该测井曲线和漏斗形曲线特征相反，表示沉积物从低能环境突变到高能环境，然后缓慢恢复为低能环境的过程，顶底界面显示底部突变接触（泥岩突变为砂岩），向上粒度逐渐变细，显示了较好的沉积正粒序。

扇三角洲前缘河口坝和远沙坝：该沉积微相的粒度旋回特征为反粒序，主要显示的测井曲线为漏斗形。如图7-8(c)南堡5-81井漏斗形曲线所示，该曲线形态表示砂岩沉积向上水动力增强的环境，增强到一定程度突然减弱，砂体向上显示逐渐变粗的反粒序，顶底界面显示底部渐变接触，顶部突变接触。漏斗形曲线在本研究区可代表扇三角洲前缘的河口坝和远沙坝的沉积环境。图7-8显示为扇三角洲前缘远沙坝微相。

扇三角洲前缘水道间湾：水道间湾代表物源少但沉积环境的能量高，沉积物分选性好的沉积特征，对应的测井曲线以连续突出的高峰为特征，如图7-8(d)南堡5-96井指形曲线，显示为扇三角洲前缘水道间湾微相。

7.3 沉积相展布分析

7.3.1 沉积相垂向演化综合分析

本次岩心相研究共挑选了25口井，分别位于南堡1-5号构造带、高尚堡油田区、柳赞油田区、唐海油田区等8个构造区块。岩心观察主要涵盖的地层为东营组、沙河街组。其中沙河街组分为沙河街组一段、沙河街组二段、沙河街组三段（沙河街组三段上亚段、沙河街组三段下亚段），东营组分为东营组一段、东营组二段、东营组三段（东营组三段上亚段、东营组三段下亚段），各井分布位置如图7-9所示。在此选择两口取心井为代表，综合岩心和测井等资料，分析典型沉积亚相的垂向演化。

南堡5-6井位于5号构造带中部，研究层位深度3680～4020 m，经研究分析认为该段为扇三角洲前缘相沉积，岩性特征表现为灰白色中砂岩、细砂岩、粉砂岩和灰色泥质砂岩、泥岩，主要发育平行层理、波状层理，块状构造，沉积物粒度略细，分选较好，物性较好，利于油气储集，自然电位曲线和伽马曲线为齿化箱形，反映水下分流河道沉积环境中间夹有漏斗形和指形段，反映水下分流间湾环境（图7-10）。研究层位可观察有明显的向上变细的正粒序特征，南堡5-6井水下分流河道砂体砂质较好，物性较好，可见大量的油迹。

北36x1井位于东侧物源区北侧，靠近西南庄断裂，研究层位深度3260～3590 m。经研究分析认为该段为扇三角洲平原相沉积，岩性特征为含砾砂岩和中细砂岩，沉积物粒度整体略粗，变化幅度大，物性较差，主要发育平行层理、交错层理，可见明显的正粒度旋回，冲刷面构造常见（图7-11）。自然电位曲线和伽马曲线主要呈齿化箱形和钟形，下部夹有指形段，与分流河道和分流间湾沉积微相相吻合。

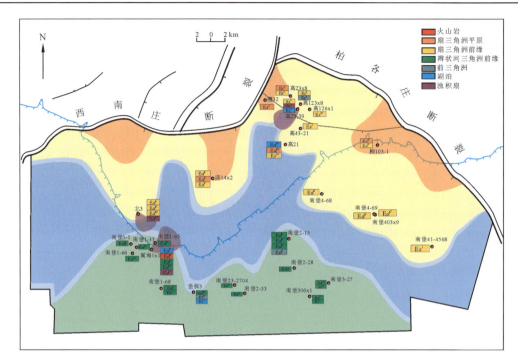

图 7-9 观测岩心井位及岩心沉积相平面分布示意图

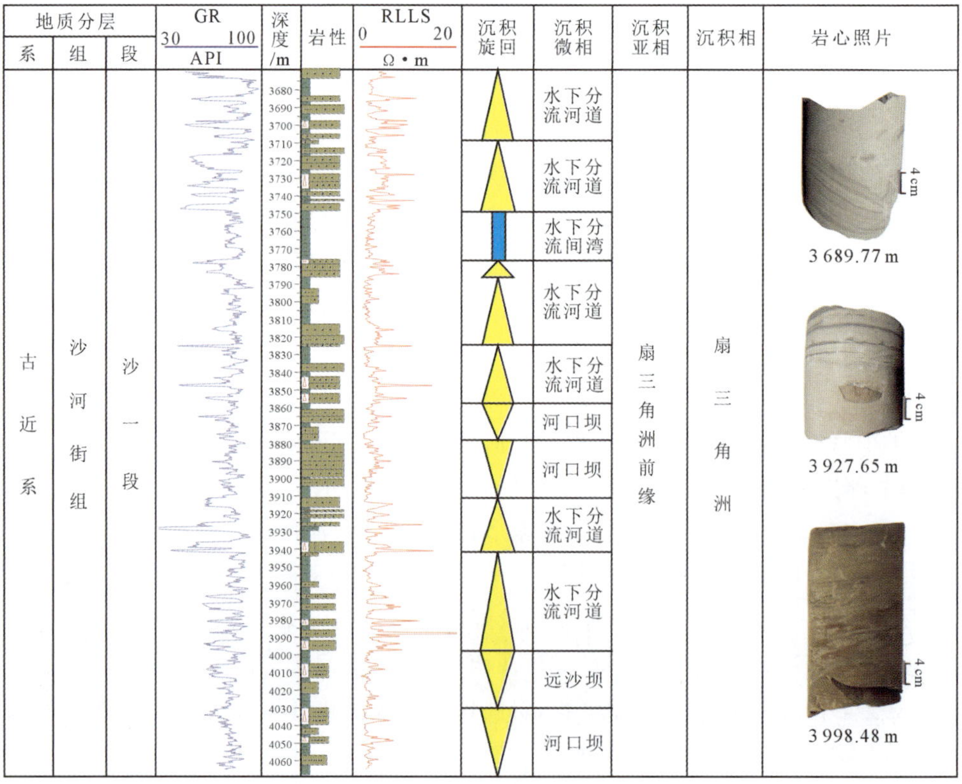

图 7-10 南堡 5-6 井单井沉积相分析

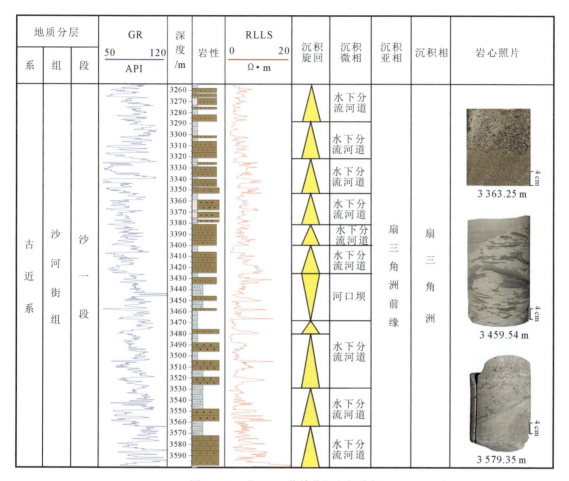

图 7-11 北 36x1 井单井沉积相分析

1. 扇三角洲平原亚相

在南堡凹陷 5 号构造带中,扇三角洲平原亚相在北部断裂的根部比较发育。研究区沙河街组一段扇三角洲平原亚相主要岩性为含砾砂岩及长石岩屑中细砂岩、粉砂岩,可见冲刷面构造,整体具有成熟低的特征。研究区扇三角洲平原亚相主要包括分流河道和分流间湾两种沉积微相(图 7-12),各微相特征如下。

分流河道微相的主要岩性为灰色或灰白色含砾砂岩、粗砂岩及中砂岩,磨圆中等—较差,颗粒支撑,呈透镜状产出,发育平行层理,成分和结构成熟度均较低,河道中部的砾石定向排列,底部具有冲刷面构造,可见滞留的砾石和泥砾,可见明显的正粒序特征。测井曲线中自然电位曲线与自然伽马曲线都呈齿状箱形或钟形。以上特征都代表了水动力较强的分流河道的沉积环境。

北35

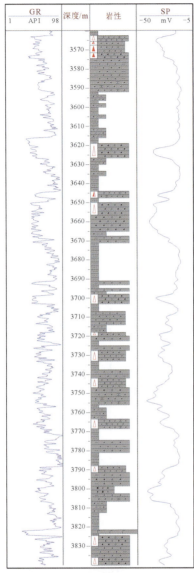

扇三角洲平原

描述：灰白砂质纯，分选磨圆好，色均匀，含大量撕裂状泥砾，泥砾中普遍含粉细砂岩薄层。
特殊现象：撕裂状泥砾
沉积微相：分流间湾

描述：整体呈正粒序，底部为含巨砾粗砂岩，漂砾直径达3 cm，上部逐渐过渡为滑塌变形的泥岩。
特殊现象：漂砾及滑塌变形
沉积微相：分流间湾

描述：整体呈正粒序，底部为砂砾岩，向上过渡为细砂岩，泥质碎屑含量逐渐增多，顶部可见铁质矿物。
特殊现象：撕裂泥砾及铁质矿物
沉积微相：分流河道

描述：灰色细砂岩夹薄层泥岩，发育小型交错层理和波状层理，见丰富的生物潜穴。
特殊现象：生物潜穴
沉积微相：分流河道

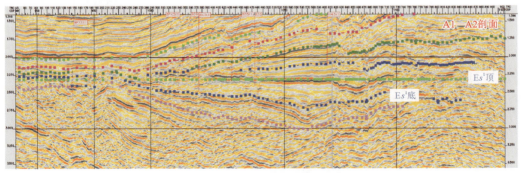

图 7-12 扇三角洲平原识别示意图

分流间湾微相的主要岩性为中薄层灰白色细砂岩、薄层粉砂岩、薄层灰色泥岩等,分选磨圆中等—较好,多呈互层状产出,对比分流河道微相,分流间湾微相单层薄相带宽。因为沉积物多在河漫流作用中沉积,所以颗粒比较细;但当在洪泛期间,由于水动力的增强,物源供给较平时更充足,所以在细粒沉积物中也可看出中砂岩呈薄层出现,同时由于漫流的冲刷作用,可以在沉积物中观察到撕裂状泥砾。测井曲线中自然电位曲线与自然伽马曲线都呈齿状或指形。

2. 扇三角洲前缘亚相

南堡凹陷 5 号构造带内扇三角洲前缘亚相普遍存在,并伏于扇三角洲平原相之下。垂向剖面中扇三角洲前缘亚相与扇三角洲平原亚相呈消长关系,向近端冲积扇主控相带方向扇三角洲平原亚相越发育,扇三角洲前缘亚相就越弱;而向远端湖中心方向扇三角洲前缘亚相越发育,扇三角洲平原亚相就越弱。研究区扇三角洲前缘亚相主要包括水下分流河道、水下分流间湾、河口坝以及远沙坝等沉积微相,各个微相的沉积特征较明显(图 7-13)。

研究区水下分流河道微相主要岩性为灰色、灰白色细砂岩和粉砂岩,河道底部含少量粗粒沉积物和扇三角洲平原分流河道微相比,粒度较细,磨圆分选略好,发育平行层理、交错层理、块状层理等。砂岩碎屑组分中,长石含量较高,岩石胶结物以方解石为主,结构成熟度和成分成熟度均较低,测井曲线中自然电位曲线和自然伽马曲线都呈现齿状箱形或钟形。以上特征都代表了水下分流河道的沉积环境。

研究区水下分流间湾微相沉积物主要岩性为灰白色粉砂岩以及灰色粉砂质泥岩、泥岩,少量的细砂岩,主要发育水平层理且泥岩中可见大量生物碎屑。由于冲刷力较强的水流作用使水下分流河道频繁改道,沉积物在强水流作用下被不断冲刷削薄,因此水下分流间湾常常是以夹层的形式存在于河道沉积之间。以上测井曲线特征多表现为齿状和指状。

研究区河口坝主要岩性为灰色、灰白色中细砂岩、粉砂岩,它们共同构成了呈互层状的复合韵律。由于水流能量的差异性,河口坝沉积微相各种层理构造发育,可见平行层理、楔状交错层理和波状层理等。测井曲线中自然电位曲线以中高幅漏斗形或略齿化的箱形为特征。

研究区远沙坝微相位于水下河道之间,可与滨浅湖区相通,远沙微相与滨浅湖沉积特征的主要差别为接受漫流沉积物,有时不易区分。研究区典型的远沙坝沉积物以灰色泥岩为主,夹薄层粉砂岩,沉积物中常见有少量植物碎屑。远沙坝沉积微相测井曲线(SP)形态多为低幅锯齿状。

7.3.2 南堡 5 号构造带沙河街组一段平面相分析

综合岩心、测井和地震等资料,以南堡凹陷北部的老爷庙地区东营组三段为例开展沉积相的平面展布综合研究。

连井剖面沉积相的分析可以清晰地展示沉积相垂向演化和横向展布特征,通过井震结

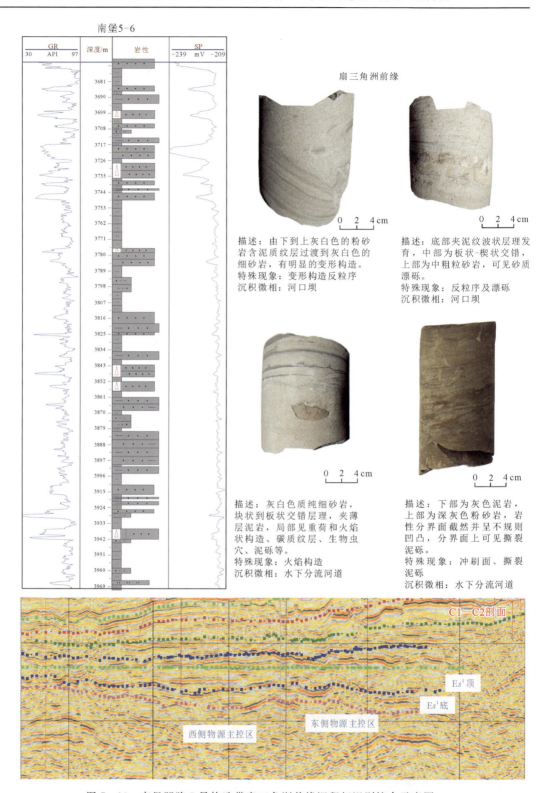

图 7-13 南堡凹陷 5 号构造带扇三角洲前缘沉积相识别综合示意图

合有助于分析和预测沉积砂体在纵横方向上的变化。南堡凹陷5号构造带中北36x1井—南堡5-6井—北38x1井连井剖面位于研究区中部,呈北西—北北西向展布,与物源展布方向一致(图7-14)。根据该条连井剖面可见,西南庄断裂西段下降盘根部的南堡5号构造带地区发育有较厚的扇三角洲沉积,北36x1井距离物源区较近,发育较厚的砂体,为扇三角洲平原沉积环境,向南堡5-6井逐渐转变为扇三角洲前缘环境,向南延伸至北38x1井附近,逐渐变为湖泊相沉积,同时可以观察到扇体远端发育有浊积体。

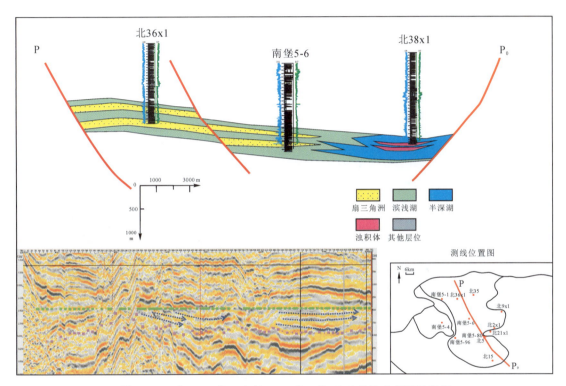

图7-14 北36x1井—南堡5-6井—北38x1井连井剖面示意图

如图7-15所示,南堡5-4井—北35井连井剖面位于研究区北部,总体垂直于物源方向,呈北东东向展布。根据该条剖面可见,南堡5-4井与北35井附近各发育一个扇三角洲朵体,且在北35井处扇体横向上更宽、纵向上更厚。沙河街组一段沉积时期,湖盆水体总体较浅,扇三角洲相附近发育滨浅湖相-半深湖相。

重矿物是指陆源碎屑沉积岩,尤其是砂岩和粉砂岩中相对密度大于2.86 g/cm^{3}的透明或者不透明的矿物,含量一般较少,不超过1%。砂岩中重矿物因其相对耐风化、稳定性强,能够较多的保存母岩信息,又因不同重矿物组合是源区性质的指示剂,重矿物在物源研究上运用十分广泛。相同时代不同区域重矿物组合差异性,包括类型和相对含量的变化,以及不同时代之间存在的渐变或者突变是用来判断物源体系分区及演化的基础和依据。

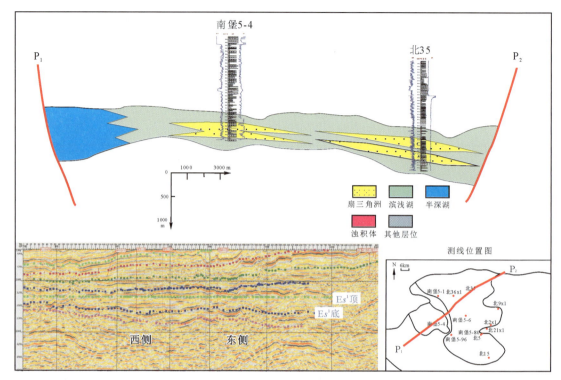

图 7-15 南堡 5-4 井—北 35 井连井剖面示意图

重矿物有多种分类方法(表 7-1),根据重矿物稳定性可划分为稳定重矿物(金红石、锆石、电气石、锐钛矿、磷灰石、含铁低的石榴子石、十字石、独居石、钛铁矿)和不稳定重矿物(绿帘石、蓝晶石、富含铁的石榴子石、辉石、角闪石、橄榄石)。

表 7-1 重矿物分类方法

稳定程度	重矿物类型
稳定	金红石、锆石、电气石、锐钛矿、磷灰石、含铁低的石榴子石、十字石、独居石、钛铁矿
不稳定	绿帘石、蓝晶石、富含铁的石榴子石、辉石、角闪石、橄榄石

重矿物组合特征分析母岩类型的方法有一定的局限性,在母岩仅是火成岩或者变质岩的情况下,由于重矿物经历的搬运、磨蚀沉积以及成岩作用较少,后期影响小,能够较大限度地保存母源信息,但沉积岩母岩却由于经历多次搬运沉积和改造作用,组分含量发生变化,对物源进行判别时有一定的局限性。但是来自不同物源区的碎屑性质会存在差异性,所以重矿组合类型可以用于判别物源分区。

对研究区内的重矿物数据点进行统计,得到各个重矿物的百分含量频数分布图,以此可以判别物源的单一性。由图 7-16 可见,主要重矿物在平面上均不符合正态分布,在北 35 井和南堡 5-96 井处的重矿物频率图显示偏峰、双峰的特征说明研究区非单一物源控制,而是存在 2 个或 2 个以上的物源分支。

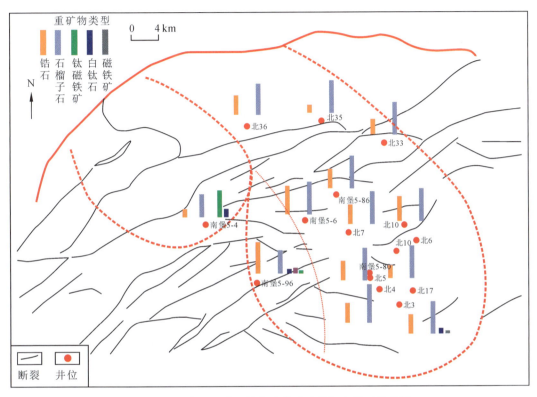

图 7-16　南堡凹陷 5 号构造带重矿物组合平面示意图

由图 7-16 可见,研究区整体上以石榴子石、钛磁铁矿与锆石等稳定重矿物为主要组分,可以按照三者频率分布将研究区划分为 2 个区块,分别为西部北西向的以南堡 5-4 井为代表的高石榴子石、高钛磁铁矿组分的物源以及东部来自北北西方向展布的以高锆石高石榴子石组分为特征的物源。由此可以识别南堡凹陷 5 号构造带的 2 个物源分支。

陆源碎屑沉积物的碎屑物质来自于母岩经剥蚀机械破碎而成的产物,在碎屑物质流水搬运过程中,不稳定组分减少,颗粒大小变小,成分成熟度和结构成熟度增高,随着搬运时间和距离的增加,这些变化会越来越明显。因此可以利用岩石碎屑颗粒组分区别、沉积岩成分成熟度以及结构成熟度的变化来判断物源方向,通过对盆内沉积碎屑矿物组合分区对比,则可以判断物源区个数及供源范围。

绘制南堡凹陷 5 号构造带沙河街组一段碎屑颗粒组分柱状图,在平面上进行展布的碎屑矿物物源体系特征如图 7-17 所示。

由图 7-17 可见,整体上南堡凹陷 5 号构造带岩石类型主要以岩屑长石砂岩以及长石

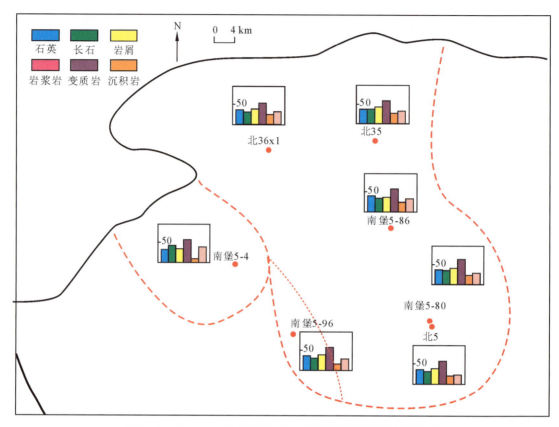

图 7-17 南堡凹陷 5 号构造带碎屑颗粒组分平面展布示意图

岩屑砂岩为主,可见少量的长石砂岩和岩屑砂岩,北部物源区整体具有高火成岩岩屑的主要特征。西侧南堡5-4井显示长石组分、变质岩组分含量比较高;东侧北35井、北36x1井、南堡5-86井及北5井显示岩屑组分、沉积岩组分含量同南堡5-4井相比较高;而位于中部南堡5-96井岩石组分具有过渡性特征。由此推断研究区并非单一物源控制,而是分为西侧北西向和东侧北北西向2支物源供给体系。

离母岩区越近,不稳定矿物的相对百分含量也越高,成熟度值越低;反之,离母岩区越远,矿物种类减少,不稳定矿物减少,稳定矿物相对百分含量增加,成熟度也越高;因此成熟度系数趋向可判断物源特征。

根据各井位成熟度系数数据,绘制成熟度系数及碎屑成分平面分布见图7-18,整体来看,研究区内自北部断裂以北西向为趋势方向成熟度逐渐变高,成熟度系数变化在0.4~0.8之间。根据井位数据统计,研究区可以识别出2个方向趋势的成熟度系数等值线:一个为西侧分支,推进方向为北西向,最大成熟度系数为0.6,延伸至南堡5-4井附近;另一个为东侧分支,推进方向为北西西向,最大成熟度系数为0.8,延伸至北15井附近。由此识别了南堡凹陷5号构造带的2个物源分支。

第7章 沉积相综合分析实例

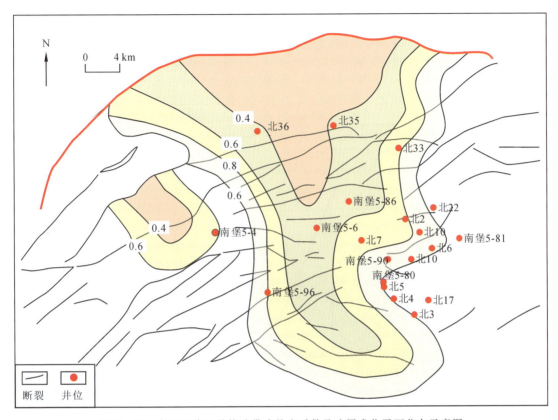

图7-18 南堡凹陷5号构造带成熟度系数及碎屑成分平面分布示意图

类似于成分成熟度，结构成熟度随着物源的推进也会逐渐变高。根据南堡5-4、南堡5-96、南堡5-86、南堡5-80、北5、北深28共6口井的分选磨圆数据作直方图（图7-19），由此可以得到整体平面趋势（图7-20）。

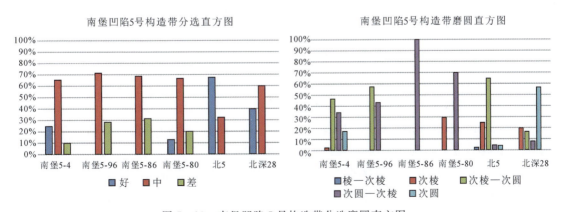

图7-19 南堡凹陷5号构造带分选磨圆直方图

如图7-20结构成熟度分析结果显示,东部北北西向物源分支由离物源距离较近的南堡5-86井分选以中—差为特征,次圆—次棱磨圆度;物源运移至南堡5-80井、北5井及北深28井附近分选以中—好为主,磨圆度也逐渐由次棱过渡到次圆。南堡5-96井由于受西侧北西向物源的影响,虽然在远物源区,分选依然显示中—差,磨圆度显示次圆—次棱状。

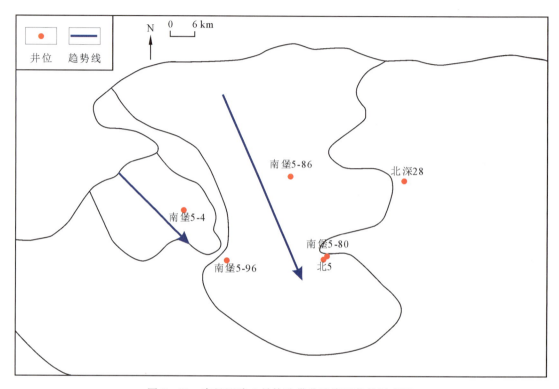

图7-20 南堡凹陷5号构造带分选磨圆趋势示意图

研究区主要发育扇三角洲相和湖泊相。根据研究区各个井位砂体厚度数据绘制沙河街组一段的砂体厚度等值线(图7-21),在沙河街组一段沉积期,西侧由西南庄断裂至南堡5-4井附近发育扇三角洲平原亚相,之后逐渐转变为扇三角洲前缘亚相,该区域砂体延伸走向为北西向,延伸长度约21 km,最大砂厚为47 m;东侧由西南庄断裂至北35井、南堡5-1井附近发育扇三角洲平原亚相,之后向南堡5-96井、南堡5-6井和南堡5-10井3个方向转为扇三角洲前缘亚相,砂体延伸方向为北西—北西西向,延伸长度约60 km,最大砂厚为57 m,扇三角洲相延伸至南堡5-80井、南堡5-85井与北深28井附近逐渐转变为半深湖—深湖相(图7-22)。扇体远端发育有浊积相沉积。

河道主体发育区与非发育区相比,砂体空间展布上具有砂岩沉积厚度大,砂地比值高等特征,通过对沉积特征的研究,南堡5号构造北部老王庄凸起上发育多个古沟槽,古沟槽与研究区内沟道具有良好的匹配关系,持续向沟道内进行物源供给,携带大量碎屑物的古水流沿沟道展布方向进行砂体的运载和沉积充填,沟道内充填河道砂体,是河道砂体的主体发育

第7章 沉积相综合分析实例

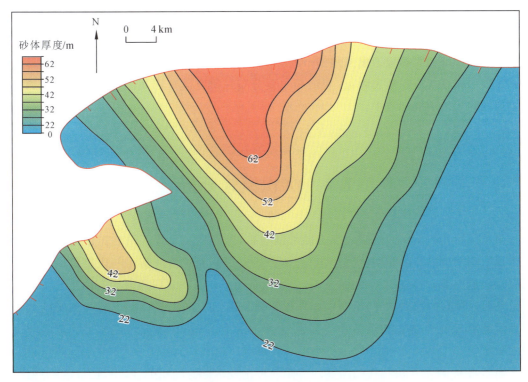

图 7-21 南堡凹陷 5 号构造带砂体厚度示意图

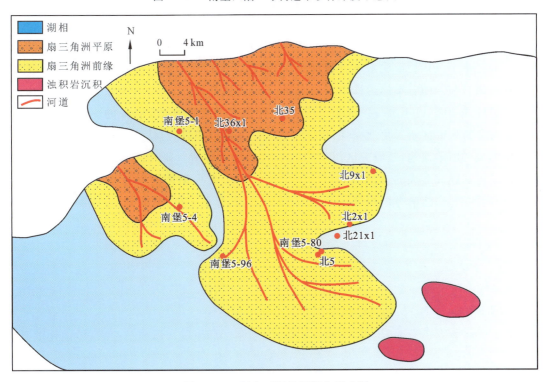

图 7-22 研究区沉积相展布示意图

区(图7-22),即"沟槽控砂"模式,同时根据物源体系北西—北北西向的展布特征,可知古河道展布方向整体为北西向。

研究区沙河街组一段为扇三角洲-湖泊相沉积体系,受物源和西南庄断裂控制,扇三角洲相主要分布在西南庄断裂附近,湖泊相主要分布在研究区东部和南部。研究区内的浊积相主要发育于扇端的湖泊中。

7.4 沉积模式分析

研究区所在的南堡凹陷西北部为陡坡断裂带,断裂比较发育。研究区沙河街组一段属于南堡凹陷发育的裂陷Ⅱ期,经前文物源体系研究得研究区沙河街组一段物源供给区位于北部燕山造山带,并存在2个物源分支,分别为东侧呈北西—北西西向展布的主要物源和西侧呈北西向展布的次要物源,沉积中心靠近物源。Es^1时期,南堡凹陷5号构造带陡坡带继承性发育扇三角洲,湖盆构造活动不甚强烈,整体水体较浅,在研究区南段可见范围较大的湖泊相沉积。

扇三角洲-湖泊相沉积在断陷盆地中是一种比较常见的沉积类型,由研究区沙河街组一段沉积模式(图7-23)知,当山洪暴发时,洪流携带大量的风化剥蚀和垮塌的陆源碎屑物质在陡坡区形成冲积扇,冲积扇携带的物源在坡度较缓的地区沉积,冲蚀形成分流河道,同时迅速卸载,形成扇三角洲平原沉积,而后扇体推进汇入稳定湖泊水体中,水流开始分散,但依然可以冲蚀水下沉积物形成水下分流河道沉积,在这个过程中形成扇三角洲水下部分即扇三角洲前缘沉积。随着水体运移距离的增加,水动力逐渐降低,当含有大量悬浮沉积物的水体到达扇体边缘时,已不具备形成水道的强度,便形成了以低密度为特征的浊流沉积体。

通过分析研究区扇三角洲-湖泊相沉积模式的发育形成过程,认为在西南庄断裂发育的过程中形成的断陷盆地,是研究区沉积模式形成的构造环境。研究区内断裂带发育形成的陡坡区是沉积模式形成的古地貌条件。北部燕山造山带为扇体的发育提供了物源沉积物质,盆地内的裂陷、洼槽等地貌控制了扇体各相带的发育和分布。

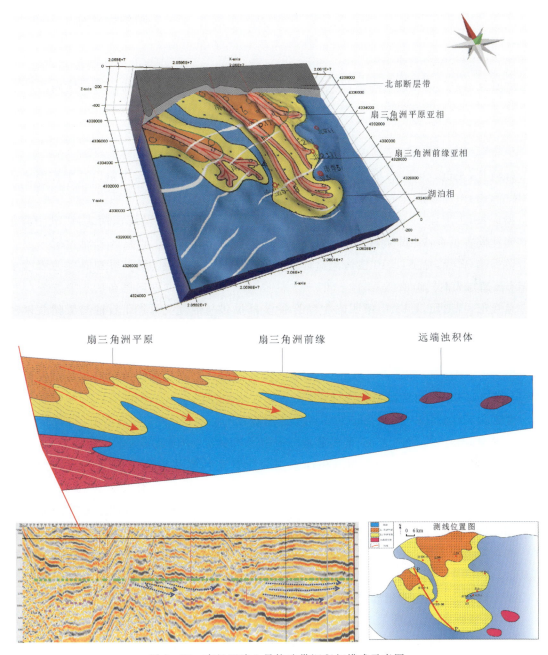

图 7-23 南堡凹陷 5 号构造带沉积相模式示意图

主要参考文献

操应长,王健,李晓燕,等,2015.南堡凹陷古近系沉积体系分析与优质储层主控因素研究[R].唐山:中国石油冀东油田公司.

操应长,王思佳,王艳忠,等,2017.滑塌型深水重力流沉积特征及沉积模式:以渤海湾盆地临南洼陷古近系沙三中亚段为例[J].古地理学报(3):419-432.

陈秀艳,师晶,徐杰,2010.渤海湾盆地东辛油田沙三中亚段重力流沉积砂体类型及含油性[J].石油与天然气地质(5):594-601.

从良滋,周海民,1998.南堡凹陷主动裂谷多幕拉张与油气关系[J].石油与天然气地质(4):30-35.

大庆油田岩心编写组,1976.岩心[M].北京:科学出版社.

范柏江,刘成林,庞雄奇,等,2011.渤海湾盆地南堡凹陷断裂系统对油气成藏的控制作用[J].石油与天然气地质(2):192-198.

姜在兴,2003.沉积学[M].北京:石油工业出版社.

焦养泉,吴立群,荣辉,2015.聚煤盆地沉积学[M].武汉:中国地质大学出版社.

康建威,陈小炜,2007.湖泊相沉积体系划分方案及其测井特征讨论[J].安徽地质,17(1):9-12.

李君君,王志章,张枝焕,等,2012.大型浅水三角洲沉积相研究——以新立油田泉四段沉积相为例[J].科技导报,30(8):30-36.

李利阳,2015.浊流沉积研究的新进展:鲍马序列、海底扇的重新审视[J].沉积与特提斯地质(4):106-112.

李小梅,2005.渤南油田沙三段湖泊浊流沉积及其演化[J].新疆石油地质(1):68-70.

李祯,温显端,1995.鄂尔多斯盆地东缘中生代延长组浊流沉积的发现与意义[J].现代地质(1):99-107+135-136.

刘宝珺,1980.沉积岩石学[M].北京:地质出版社.

刘建平,鲜本忠,王璐,等,2016.渤海湾盆地东营凹陷始新世三角洲供给型重力流地震沉积学研究[J].古地理学报(6):961-975.

刘可行,甘华军,陈思,等,2019.高精度层序格架下的陆相断陷湖盆沉积体系演化:以南堡凹陷老爷庙地区东营组三段为例[J].地质科技情报,38(03):88-102.

刘宪斌,万晓樵,林金逞,等,2003.陆相浊流沉积体系与油气[J].地球学报(1):61-66.

刘延莉,邱春光,邓宏文,等,2008.冀东南堡凹陷古近系东营组构造对扇三角洲的控制作用[J].石油与天然气地质(1):95-101.

刘耀光,1987.不同含油级别砂岩的有机地化特征及实验室划分标准[J].大庆石油地质与开发,6(4):21-26.

吕学菊,2008.南堡凹陷东营组层序结构特征及其对构造活动性的响应[D].武汉:中国地质大学(武汉).

潘元林,宗国洪,郭玉新,等,2003.济阳断陷湖盆层序地层学及砂砾岩油气藏群[J].石油学报,24(3):16-23.

时培兵,褚庆忠,陈小哲,等,2016.红河三角洲沉积相及其形成模式研究[J].重庆科技学院学报(自然科学版),18(2):18-21+26.

宋国奇,1993.济阳坳陷下第三系湖相沉积的层序地层学分析[J].现代地质,7(1):20-30.

王观宏,2016.南堡凹陷东营组堆积期构造活动的"双强效应"及其对沉积的控制[D].武汉:中国地质大学(武汉).

王华,甘华军,陈思,等,2016.南堡凹陷东营组堆积期构造活动的"双强效应"及其油气地质意义[M].武汉:中国地质大学出版社.

王华,肖军,崔宝琛,等,2002.露头层序地层学研究方法综述[J].地质科技情报,21(4):15-22.

吴崇筠,1992.中国含油气盆地沉积学[M].北京:石油工业出版社.

吴崇筠,刘宝珺,王德发,等,1981.北京:碎屑岩沉积相模式[J].石油学报(4):1-10.

谢占安,李建林,2007.南堡凹陷三维连片叠前时间偏移处理资料构造解释及综合研究[R].唐山:中国石油冀东油田公司.

许运新,1992.岩心资料的科学化管理[J].地质科技管理(3):39-42.

许运新,蒋承藻,萧德铭,1994.砂岩油田岩心描述与用途[M].哈尔滨:黑龙江科学技术出版社.

薛良清,GALLOWAY W E,1991.扇三角洲、辫状河三角洲与三角洲体系的分类[J].地质学报(2):141-153.

殷杰,王权,郝芳,等,2017.渤海湾盆地饶阳凹陷沙一下亚段古湖泊环境与烃源岩发育模式[J].地球科学,42(7):1209-1222.

于兴河,2002.碎屑岩系油气储层沉积学[M].北京:石油工业出版社.

于兴河,李胜利,李顺利,2013.三角洲沉积的结构:成因分类与编图方法[J].沉积学报,31(5):782-797.

张翠梅,2010.渤海湾盆地南堡凹陷构造-沉积分析[D].武汉:中国地质大学(武汉).

张景军,李凯强,王群会,等,2017.渤海湾盆地南堡凹陷古近系重力流沉积特征及模式[J].沉积学报(6):1241-1253.

张立柱,李行伟,陈国谦,2004.Numerical solution of lock-release gravity current with viscous self-similar regime[J]. China Ocean Engineering(1):157-162.

周海民,汪泽成,郭英海,2000.南堡凹陷第三纪构造作用对层序地层的控制[J].中国矿业大学学报(3):104-108.

周江羽,王家豪,2010.含油气盆地沉积学[M].武汉:中国地质大学出版社.

周庆凡,1994.浊流沉积体系与油气勘探[J].国外油气勘探(3):288-297.

朱海虹,郑长苏,王云飞,等,1981.鄱阳湖现代三角洲沉积相研究[J].石油与天然气地质(2):89-103+201.

朱红涛,李森,刘浩冉,等,2016.陆相断陷湖盆迁移型层序构型及意义:以珠Ⅰ坳陷古近系文昌组为例[J].地球科学,41(3):361-372.

朱筱敏,2008.沉积岩石学[M].4版.北京:石油工业出版社.

ALLEN M B B, MACDONALD D I M, XUN Z, et al, 1997. Early Cenozoic two-phase extension and late Cenozoic thermal subsidence and inversion of the Bohai Basin, northern China[J]. Marine and Petroleum Geology, 14: 951-972.

BOUMA A H, 1962. Turbidite Current[M]. Amsterdam: Elsivier Pub. Co.

DONG Y, XIAO L, ZHOU H, et al, 2010. The Tertiary evolution of the prolificNanpu Sag of Bohai Bay Basin, China: Constraints from volcanic records and tectono-stratigraphic sequences[J]. Geological Society of America Bulletin, 122(3-4): 609-626.

DONG Y, XIAO L, ZHOU H, et al, 2010. Volcanism of theNanpu Sag in the Bohai Bay Basin, Eastern China: Geochemistry, petrogenesis, and implications for tectonic setting[J]. Journal of Asian Earth Sciences, 39(3): 173-191.

EKWENYE C, NICHOLS G, 2016. Depositional facies and ichnology of a tidally influenced coastal plain deposit: the Ogwashi Formation, Niger Delta Basin[J]. Arabian Journal of Geosciences, 9(18): 19-42.

EL-GHALI M A K, KHORIBY E E, MANSURBEG H, et al, 2013. Distribution of carbonate cements within depositional facies and sequence stratigraphic framework of shoreface and deltaic arenites, Lower Miocene, the Gulf of Suez rift, Egypt[J]. Marine and Petroleum Geology, 45: 31-50.

FOLK R L, 1974. Petrology of Sedimentary Rocks[M]. Austin: Hemphill Publishing Company: 1-190.

GALLOWAY W E, 1998. Siliciclastic slope and base-of-slope depositional systems: component facies, stratigraphic architecture, and classification[J]. AAPG Bulletin, 82(4): 569-595.

HAILE B G, KLAUSEN T G, CZARNIECKA U, et al, 2018. How are diagenesis and reservoir quality linked to depositional facies? A deltaic succession, Edgeøya, Svalbard[J]. Marine and Petroleum Geology, 92: 24-38.

HOLMES A, 1965. Principles of physical geology[M]. 2nd edition. London: Thomas Nelson.

JIN S, CAO H, WANG H, et al, 2018. The Paleogene multi-phase tectono-sedimentary evolution of the syn-rift stage in theNanpu Sag, Bohai Bay Basin, East China[J]. Energy Exploration & Exploitation, 36(6):014459871877231.

LEWIS D W,1991.实用沉积学[M].丁山,译.北京:地质出版社.

LIU X, ZHANG C, 2011. Nanpu sag of the Bohai Bay basin: A transtensional fault-termination basin[J]. Journal of Earth Science, 022(006):755-767.

MCCAVE I N, SYVITSKI J P M, 1991. Principle and methods of geological particle size analysis[M]//SYVITSKI J P M. Principle methods, and application of particle size analysis. New York: Cambridge University Press:3-21.

NARDIN T R, HEIN F J, GORSLINE D S, et al,1979. A review of mass movement processes sediment and acoustic characteristics, and contrasts in slope and base-of-slope systems versus canyon-fan-basin floor systems[M]// DOYLE L J, PILKEY O H.Geology of continental slopes.Tulsa:Society of Economic Paleontologists and Mineralogists Special Publication:61-73.

NEMEC W, STEEL R J, 1988. Convenor's address: what is a fan delta and how do we recognize it? [C]//NEMEC W, STEEL R J. Fan deltas: sedimentology and tectonic settings. London: Blackie and Son:23-49.

PETTIJOHN F J, 1975. Sedimentary rocks[M]. New York: Harper & Row.

READING R G, 1985. The Hydraulics of Floods[C]//Papers Presented at the 2nd International Conference on Hydraulics of Floods & Flood Control, Cambridge, England, 24-26 September 1985. BHRA, 2:63.

SCHLAGER W, 2000. The future of applied sedimentary[J]. Journal of Sedimentary Research, 70:2-9.

SHEPARD F P, YOUNG R, 1961. Distinguishing between beach and dune sands[J]. Journal of Sedimentary Petrology, 31:196-214.

SKELLY R L, BRISTOW C S, ETHRIDGE F G, 2003. Architecture of channel-belt deposits in an aggrading shallowsandbed braided river: the lower Niobrara River, northeast Nebraska, Sedimentary Geology, 158(3-4):249-270.

SONG G Z, WANG H, GAN H J, et al, 2014. Paleogene tectonic evolution controls on sequence stratigraphic patterns in the central part of Deepwater Area of Qiongdongnan basin, northern South China Sea[J]. Journal of Earth Science(2):275-288.

TWENHOFEL W H, 1932. Treatise on Sedimentation[J]. William and Wtlktns Co.

UDDEN J A, 1898. TheMerchanical Composition of Wind Deposits[M]. Illinois: Augustana Library Publications.

VAIL P R, 1987. Seismic stratigraphy interpretation using sequence stratigraphy. Part 1: Seismic stratigraphy interpretation procedure[A]// BALLY A W. Atlas of Seismic Stratigraphy. AAPG Stud Geo, 27: 1 - 10.

WALKER R G, 1978. Deep-water sandstone facies and ancient submarine fans: models for exploration for stratigraphic traps[J]. AAPG Bulletin, 62(6): 932 - 966.

WANG J, CAO Y C, LIU H M, et al, 2015. Formation conditions and sedimentary model of over-flooding lake deltas within continental lake basins: An example from the Paleogene in the Jiyang Subbasin, Bohai Bay Basin[J]. Acta Geologica Sinica, 89(1): 270 - 284.

WEI W, ZHU X M, TAN M X, et al, 2016. Distribution of diagenetic alterations within depositional facies and sequence stratigraphic framework of fan delta and subaqueous fan sandstones: evidence from the Lower Cretaceous Bayingebi Formation, Chagan sag, China - Mongolia frontier area[J]. Geosciences Journal, 20(1): 177 - 184.

WENTWORTH C K, 1922. A Scale of Grade and Class Terms for Classic Sediments [J]. Journal of Geology, 5(30): 377 - 392.

ZHAO R, CHEN S, WANG H, et al, 2019. Intense faulting anddownwarping of Nanpu Sag in the Bohai Bay Basin, eastern China: Response to the Cenozoic Stagnant Pacific Slab[J]. Marine and Petroleum Geology, 109: 819 - 838.